Mustafa Ergen

AB'ye Giriş Sürecinde Türkiye'deki Kentleşmenin Ekolojik Yapıya Etkisi

Mustafa Ergen

AB'ye Giriş Sürecinde Türkiye'deki Kentleşmenin Ekolojik Yapıya Etkisi

Türkiye Alim Kitapları

Impressum / Yayınevi adı
Bibliografische Information der Deutschen Nationalbibliothek: Die Deutsche Nationalbibliothek verzeichnet diese Publikation in der Deutschen Nationalbibliografie; detaillierte bibliografische Daten sind im Internet über http://dnb.d-nb.de abrufbar.

Deutsche Nationalbibliothek tarafından yayınlanan bibliyografik bilgiler: Deutsche Nationalbibliothek, bu yayını Deutsche Nationalbibliografie'de listeler; detaylı bibliyografik bilgi İnternet'te http://dnb.d-nb.de sitesinde mevcuttur.

Coverbild / Kitap kapağı resmi: www.ingimage.com

Verlag / Yayıncı:
Türkiye Alim Kitapları
ist ein Imprint der / yayınevinin bir ticari markasıdır
OmniScriptum GmbH & Co. KG
Heinrich-Böcking-Str. 6-8, 66121 Saarbrücken, Deutschland / Almanya
Email / E-posta: info@turkiye-alim-kitaplary.com

Herstellung: siehe letzte Seite /
Basım yeri: son sayfaya bakın
ISBN: 978-3-639-67056-1

İÇİNDEKİLER

ŞEKİLLER DİZİNİ

TABLOLAR DİZİNİ

ÖNSÖZ

Bu çalışma 2005 yılında yüksek lisans tezi olarak hazırlanmış olup, basım için güncellenmiş ve gözden geçirilmiş olarak yeniden düzenleme yapılmıştır. Ele alınmasındaki esas amaç Türkiye'nin Avrupa Birliği'ne entegrasyonu için kentlerin yaşam alanlarında ki doğal yapının irdelenmesi ve kentlerin sürdürülebililiğidir. Bu bağlamda Yozgat kenti örneklenmiş olup Avrupa Ortak Göstergeleri bağlamında araştırılmıştır.

Benzer konuları ele alan gelecekteki araştırmacılara yönelik olarak kaynak oluşturan bu çalışmanın basılması bilginin yaygınlaştırılmasına yöneliktir.

2014

Mustafa ERGEN

1. GİRİŞ

Günümüzde global ölçekte çevre hızlı bir tahribat süreci etkisi altındadır. Ekonomik işbirliği çerçevesinde kurulan Avrupa Birliği içinde de zamanla çevre koruma bağlamında önlemler alma yoluna gidilmiştir. Roma Anlaşması (1957) içinde üstünkörü ele alınan çevre konuları Avrupa Tek Senet anlaşması (1987), Maastricht Avrupa Birliği Anlaşması (1992) ve son olarak Amsterdam Anlaşmasıyla (1997) geliştirilerek çevre ve çevreyi oluşturan öğelerin korunması, geliştirilmesi ve sürdürülebilirliğinin sağlanmasına yönelik ilkeler ortaya konmuştur. Kent ve kentleşme olgusunun doğal ekolojik yapı üzerinde meydana getirdiği olumsuz etkiler, çevre eylem (çerçeve) programlarıyla çözüme kavuşturulmaya çalışmıştır. Bu çevre eylem programlarında kentleşme olgusunun durdurulamayan bir süreç içinde gerçekleşmesinden dolayı; doğal çevrenin korunması ve yeniden kazanılmasına yönelik, kentsel çevre sorunlarına ilişkin çevre politikalarının ana hatları belirlenmiş ve doğal-ekolojik yapının dengeli kullanımının belirlenmesi gibi teknik çözüm yolları ortaya konulmuştur.

Dünya nüfusundaki artış ve sanayi devrimi kentleşme hareketlerini de hızlandırmıştır. Ülkemizde ise, II. Dünya Savaşı sonrası 1950'lerde göç olgusu ile kentlerde nüfus artışı yaşanmış ve kentleşme olgusu hız kazanmıştır. Bu kentleşme olgusu plansız ve hızlı bir süreç olarak yaşandığından, kentlerin bazı bölgelerinde yığılmalara neden olmuş, plansız ve kontrolsüz gelişmeleri de beraberinde getirmiştir.

Türkiye'de kentleşme olgusu 1980 ve sonrasında doruk noktasına ulaşmıştır. Bu hızlı kentleşmenin en önemli nedenleri arasında; merkezi ve yerel yönetimlerin irrasyonel kararlar alması, ayrıca merkezi yönetimin üst düzey planların üretilmesinde çekinceli davranması veya ürettiği planlara sahip çıkmaması, örneğin doğal ve tarihi doku içeren turizm bölgesi içerisinde plan bütünlüğünü bozan kararlar verilmesi, imar afları ile plansızlığı teşvik etmesi, yerel yönetimlerin kentsel gelişmelere keyfi müdahale etmesi gösterilmektedir (Ünsal, 2001). Ayrıca, planlamaya halkın katılımının sağlanamaması konusu kentleşme sürecinde bir başka sorun olarak göze çarpmaktadır. Bu süreçte; yoğun göç hareketleri ile belirginleşen nüfus artışı, kentsel arsa sunumunun artan nüfus karşısında yetersiz kalışı gibi nedenlerle ekolojik yapı bütünlüğü gösteren alanlar tahrip edilmeye başlanmıştır.

Türkiye'deki kentleşme olgusu küresel ve yerel dinamikler çerçevesinde ele alındığında, Avrupa Birliği ile bütünleşme sürecinde kentleşme ve çevre politikaları çeşitli platformlarda incelenmektedir. Avrupa Birliği yaptığı anlaşmalar ve çalışmalarla doğa ile uyumlu kentler yaratmak amacındadır. Bu yaklaşım içinde Avrupa Birliği kent ve ekoloji arasında bir denge ve uyum sağlamak doğrultusunda hedefler ortaya koymuştur.

Araştırmamızda Avrupa Birliği ve Türkiye'deki kentsel gelişim ve ekolojik yapı unsurları Avrupa Ortak Göstergeleri içindeki sürdürülebilirlik ve yaşanabilirlik ölçütlerine bağlı olarak ele alınmıştır. Bu amaçla; kentsel gelişme ile beraber ekolojik yapıyı oluşturan niteliklerde meydana gelen değişmenin boyutunun ele alınması zorunludur.

Çalışma kapsamında kentsel gelişmenin önemli öğeleri olan sürdürülebilirlik, yaşanabilirlik ve dengeli gelişim ön planda tutulacak, aynı zamanda kentsel gelişmenin ekoloji üzerindeki etkileri ekolojik verilerle ele alınacaktır. Bu doğrultuda sürdürülebilir ekonomik canlılık, çevresel bütünlük ve toplumun refahı esas alınmaktadır. Doğal ve yapılı çevrenin oluşturulmasında ve korunmasında ekonomik faydanın maksimize edilmesinin yanı sıra; doğal ve yapılı çevrenin birbirleri ile uyumu zorunludur. Bu sürdürülebilirlik yapısı ile kentsel gelişim olgusunun oluşturduğu yapı şu şekilde gösterilebilir (Şekil 1.1.);

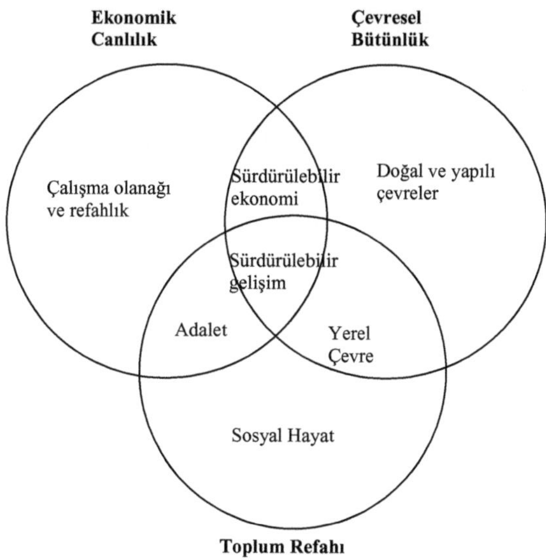

Şekil 1.1. Sürdürülebilir Gelişim için Bir Model

Kaynak: Greed, 1999

Şekilde de görüldüğü gibi dengeli ve sürdürülebilir kentsel gelişim ekonomik ve ekolojik verilerim birbiriyle uyumuyla sağlanabilmektedir. Bu çerçevede, doğal çevrenin nasıl ne şekilde yapılı çevre haline dönüştürüleceği, bu dönüşümün sağlanmasındaki araçların nelerden meydana geleceği sürdürülebilirlik kavramı içinde sınırlandırılmaktadır. Eğer salt ekonomi ağırlıklı olarak gerçekleşen bir durum kabul edilirse kaynak kullanımı zaman içinde azalacaktır. Bu taktirde kentsel gelişmeyi artıran baskı unsurlarının azaltılması gerekmektedir. Sürdürülebilir bir kentsel gelişmenin boyutları ise şunlardan oluşacaktır; çalışma olanağı ve refahın dengeli dağılımı, doğal ve yapılı çevre ile kendi içinde özelleşmiş alanlar, toplumsal yaşam çerçevesinden oluşmaktadır. Bu anlamda Avrupa kentlerindeki ortak sürdürülebilirlik göstergeleri ile Yozgat kentsel alanının sürdürülebilirliği ve dengeli gelişip gelişmediği ortaya konulacaktır. Bu doğrultuda aşağıda belirlenen kriterler çalışmamıza yardımcı olacak ana etmenler olarak kabul edilmektedir;

1- Kentleşme boyunca ekolojik ağırlıklı alanlar, kentsel gelişmeye paralel korunmalıdır
2- Kentleşme yapı itibarı ile doğal ve sosyal şartlara uyabilen bir fiziksel çevreyi yaratmalıdır
3- Ekolojik yapının kentsel gelişim yapısı içindeki önemi planlama yaklaşımıyla birlikte değerlendirilmelidir.

Belirtilen kriterler tezimizin yöntemine yardımcı olacaktır. Küresel ölçekte ortaya çıkan çevre sorunları insan-doğa ve insanlar arası ilişkilerin tümünü kapsayan bir çerçeve içinde ortaya çıkmaktadır (Sökmen, 1995). Bu gelişime bağlı olarak Avrupa Ortak Göstergeleri içindeki sürdürülebilirlik ve yaşanabilirlik ölçütleri ile birlikte kentleşme ve doğal ekolojik yapı gelişimi açısından Yozgat ve Türkiye kentlerine yönelik saptamalar yapılacaktır.

Çalışmanın temel vurgusu, Avrupa Birliği kriterleri doğrultusunda planlama ve kentleşme olgusunun, Avrupa Birliğine yeni üye olan devletlerde ve Türkiye'de uygulanabilirliğinin saptanması olarak belirlenmiştir.

2. KENTLEŞME VE KENTLEŞMENİN EKOLOJİK YAPIYA ETKİSİ

2.1. Ekoloji ve Kent Kavramı

Ekoloji eski Yunanca'daki "Oikia" (ev, konut) ve "Logos" (konu) köklerinden gelmiştir (Knight, 1970). Ekoloji; canlılar ile onları çevreleyen canlı ve cansız ortam arasındaki ilişkileri inceleyen bilim dalı olarak tanımlanmaktadır.

Canlıların öteki canlılarla ve cansız çevreyle karşılıklı ilişkileri, ilk kez Aristotales'in öğrencisi Theophrastos tarafından tanımlanmıştır (Woodbury, 1954). 19. yy ikinci yarısına kadar ekolojik düşünme bitki ve hayvan bilimcilerinin donatılarının bir parçası olarak gelişmiştir. Bu gelişimler kavramsal olarak ekosistem kavramını da ortaya çıkarmaya başlamıştır.

20. yy başında ekolojinin temel kavramları gelişmeye devam etmiştir. İngiliz bilim adamı Charles Elton tarafından ortaya atılan dinamik sistem düşüncesi hızlı bir gelişme getirmiştir. Canlıların birbiriyle ve çevreleriyle ilişkilerin dinamik bir sistem oluşturdukları fikri, 1935 yılında ekosistem kavramı olarak tanımlanmıştır (Kalay, 1981).

Ekosistem kavramının daha iyi anlaşılabilmesi için öncelikle "sistem" kavramı incelenmiştir. Sistem, "Birbirleriyle etkileşim içinde olan bağımlı parçaların oluşturduğu bütün" (Berkes ve Kışlalıoğlu, 1990) olarak tanımlanmıştır. Bir başka tanımlamaya göre sistem "Tüm parçaları birbiriyle karşılıklı ve düzenli ilişkiler içinde bağıntılı olan hiçbir parçanın diğerini yadsımadığı bir bütünlük" (Kıstır, 1980) olarak ifade edilmiştir.

Ekosistemler iki ayrı öğeden meydana gelmektedir. Söz konusu öğeler ekosistemin temelini oluşturmaktadır:

I. Canlı (Biyotik) Öğeler : Biyotik öğeler yaşayan çevre olarak tanımlanmaktadır temel üreticiler, yeşil bitkiler, tüketiciler, bakteri ve fungus türlerinden oluşur. Biyotik öğeler doğal olarak yenilenebilen kaynaklardır (Kıstır, 1980).

II.Cansız (Abiyotik) Öğeler : Abiyotik öğeler cansız çevre olarak tanımlanmaktadır bu cansız öğeler; inorganik maddeler, organik maddeler ve fiziksel koşullardan oluşur (Rodiek, 1974).

Ekoloji sisteminin temelini oluşturan ekosistem, canlı ve cansız öğelerden oluşturmaktadır. Ekosistemin devamlılığının sağlanmasında, enerji akımı, kimyasal madde döngüleri ve populasyon dengesi etkili olmaktadır. Enerji akımı, kimyasal madde döngüleri ve populasyon dengesi üzerindeki olumsuz etkiler ekolojik dengenin de bozulmasına yol açmaktadır.

İnsan, varlığının ve etkinliklerinin bilincinde olduğundan, çevresi ile olan ilişkileri bir başka canlı türünün çevresi ile olan ilişkilerden farklı olarak değerlendirilmektedir. Dolayısıyla insanın oluşturduğu yapay ekoloji, öteki canlı türlerinin ekolojisinden farklı olarak yalnızca doğa toplum bilimlerinin yöntemlerinden ve verilerinden de yararlanmak durumundadır. İnsan var olduğundan beri doğaya egemen olmaya çalışmıştır. İlkel bir teknoloji ile alet yaparak bunu yırtıcı hayvanlardan korunmak, besin sağlamak, kısaca yaşamını sürdürmek için doğaya karşı kullanılmıştır. İnsanın yaşam savaşında yarattığı her şey onun kültürüdür. İnsan ve çevre arasındaki etkileşimde, insan yaşam alanı içindeki toprak, su, hava gibi doğal çevreyi sanayi atıkları ile hızla kirleterek canlıların biyolojik yaşamına elverişli koşulları ortadan kaldırmıştır.

Aydemir (1980), biyolojik ekolojik ilkelerin sosyal bilimlere ve kent yapısını açıklamak için uygulanmasıyla Kent Ekolojisi, genel anlamda Toplum Ekolojisi'nin doğduğunu belirtmektedir.

Kentleşme ve doğal ekolojik yapı birbirini etkileyen etmenler olarak göze çarpmaktadır. Kentleşme süreci, doğaya hakim olan insanoğlunun olumsuz müdahaleleri sonucu doğal alanlarla birlikte kent içindeki sağlıklı gelişimi de tehdit etmektedir.

Kent; tarımsal uğraşıların yok denecek kadar az olduğu, toprak kabiliyeti ve çevre kapasitesinin kullanımıyla oluşan; sanayi ve hizmetler sektörlerinin yoğunluk kazandığı insanın sosyal yaşamının geçtiği alan olarak tanımlanmaktadır (Ergen, 1981).

Bir başka tanımlamaya göre yerleşimin büyüklüğü ve yoğunluğun ortaklaşa bir iş bölümünün etkinlikleri, buluşların ve yaratıcılık kavramlarının şehirlere özgü olması gibi ölçütler kentleşme tanımı oluşturmaktadır.

Kentsel gelişim değişik arazi kullanışları ve bunlara ilişkin aktivitelerle ortaya değişik yapay ekosistemler ve kendine özgü bir kent ekolojisi meydana getirmektedir; kentsel ekoloji içinde doğal çevre, insan varlığı, teknoloji gibi kültürel değişkenlerin ilişkilerini ve değişen dengenin anlamlaştırılabilmesi, yerleşme birimlerinin incelenmesi gerekmektedir (Kıstır, 1980).

2.2. Kentleşme ve Doğal Ekolojik Yapı Etkileşimi

Dünyada kentleşme süreci sanayi devrimi ile birlikte 20. yy da başlamış, sorunlarıyla birlikte günümüze değin gelişerek devam etmiştir. Başlangıçta sadece kentsel alanlar içerisinde oluşan kentleşme olgusu 1930'lardan itibaren kırsal şehircilik - milli şehircilik ve dünya şehirciliği olarak küreselleşme çerçevesinde etkileşim içine girmiştir.

Kentsel yerleşme alanlarında, nüfus hareketleri kentsel büyümeyi de beraberinde getirmektedir. Bu gelişim, günümüzde kentsel alan içindeki işlevlerin doğal çevreyi tahrip etmesi ile sonuçlanmaktadır (Ergen, Sevgili, Ertorun, 1994). Etkileşim genel olarak, kırsal toprakların kentsel topraklara dönüşmesiyle geriye dönülmesi olanaksız bir gelişme ortaya çıkarmaktadır. Hızlı kentleşme ile kontrolsüz gelişmeler doğaya yapılan yapay bir müdahale olduğu gibi, aşırı nüfus artışını tanımlayan göç olgusu ile ilgilidir. Nüfus artışı, kentsel toprakların büyümesiyle doğal ekolojik yapının bozulmasına neden olan en önemli kriteri oluşturmaktadır.

Kentleşme, planlı programlı oluşturulsa dahi yukarı da açıklanan doğal ekolojik yapıda, geriye dönüşümü olanaksız olan değişimleri beraberinde getirmektedir. Bu olgu plansız gerçekleştiğinde, tahribatın boyutunun daha fazla olacağı da bilinmektedir. Türkiye gibi gelişmekte olan ülkelerde yaşanan plansız kentleşme yanında, gelişmiş ülkelerdeki planlı kentleşmede doğal ekolojik yapıyı tahrip etmektedir. Kentleşme gelişimi olarak doğal çevreye yapılan yapay müdahale olduğundan, doğal çevredeki ekolojik dengenin ve kentsel alandaki toprakların geriye dönüşümünün sağlanması gerekmektedir.

Kentsel alanlar öncelikle, ekosistemi oluşturan ekolojik denge unsuru flora ve faunanın alt yapısı olan toprak kullanımını etkilemektedir. Kentleşme, doğal ekolojik yapıyı bozarak yeni bir kentsel ekolojinin oluşmasına neden olmaktadır. Doğal yapının müdahale ile bozulması sonucu tekrar geriye dönüşümü zorlaştırmaktadır. Bu gelişime çözüm olarak dünya ülkeleri ve özellikle Avrupa Birliği ülkeleri kentsel dönüşüm projeleri üzerinde odaklanmaktadır.

Sonuç olarak kentleşme arazi yapısında neden olduğu değişimi nüfus artışı, sanayi gelişimi v.b. ile şekillendirmektedir. Nüfus artışı, sanayileşme gibi kentleşme olguları kentsel alanlarda arazi kullanım sorununa çözüm olarak banliyö gelişimi ortaya çıkarmıştır. Bu gelişim kırsal arazi yapısını kentsel alan kullanımına dönüştürmesi sonucu doğal ekolojik yapıyı da tehdit eder bir hale getirmektedir.

2.3. Kentsel ve Doğal Çevrede Sürdürülebilirlik-Yaşanabilirlik

Kentler hızlı nüfus artışı ve endüstrileşme sonucu; enerji ve doğal kaynakların aşırı miktarlarda kullanılmasıyla birlikte yoğun kentsel çevre sorunlarıyla karşı karşıya kalmaktadır. Söz konusu sorunlar zamanla global çevre problemleri haline gelmektedir ve kentsel toplumu daha yaşanabilir mekanlardan uzaklaştırmaktadır.

Kentsel alanların ve ekosistemlerin sürdürülebilir kullanımı açısından "taşıma kapasitesi" kavramı önemli olmaktadır; taşıma kapasitesi kavramı, ekosistemlerin normal koşullar altında belirli bir müdahaleyi tolere edebileceğini göstermek için kullanılmaktadır (Ertürk, 1995). Ayrıca her fiziksel mekanın kendine özgü bir taşıma gücü kapasitesi bulunmaktadır; kentsel alanların gelişiminde ise ekosistemlerin sistem dengesindeki taşıma kapasitesi belli bir oranda kentsel müdahaleleri karşılayabilmektedir.

Kentsel müdahalelerin ekolojik dengeyi bozmasının bir sonucu olarak 1987 yılında Birleşmiş Milletler tarafından "Çevre ve Kalkınma Raporu/Ortak Geleceğimiz" adlı raporu yayınlamıştır. Bu rapor içinde çevre sorunlarının uzun süreli çözümleri ile birlikte çevreye uygun ekonomik kalkınmanın temel koşulu olarak sürdürülebilir kalkınma ve yaşanabilirlik hedef olarak seçilmiştir (Atalık ve Baycan, 1995). Sürdürülebilir kalkınma, insan ve doğa arasında denge kurarak, gelecek nesillerin ihtiyaçlarının karşılanmasına ve kalkınmasına imkan verecek bugünün yaşamını ve kalkınmasını programlamaktır (Sarıtaş, 1995). Yaşanabilirlik ise kentlerde, yerleşimlerde, konut çevrelerinde insan onuruna yaraşan bir yaşam sürmenin yollarının sağlanmasıyla elde edilebilir.

Ertürk (1995) yaptığı çalışma da kentsel sürdürülebilirliğin ve yaşanabilirliğin sağlanmasına yönelik olarak kentsel alanlarda dikkat edilmesi gerekli konular olarak şunları belirlemiştir;

- Öncelikle kentlerdeki aşırı yığılma ve yoğunlaşma bir denetim altına alınacak, kentsel ekosistemler üzerindeki aşırı baskılar ortadan kaldırılması gerekmektedir.
- Kentlerde toplumsal refahı önemli ölçüde etkileyen ve insan sağlığına olumsuzca etkiler yapan önemli olgulardan kaçınılmalıdır.

Bu bağlamda kentlerin gelişimi konusunda dikkat edilen ana hedef sürdürülebilirlik ise, kentsel fiziksel mekanın ve ekolojik alanların taşıma kapasitesi ölçüsünde kullanımın sağlanmasına dayalı amaçları ve hedefleri ortaya koymak zorunludur. Bu bağlamda Avrupa Birliği gerçekleştirdiği uygulamalar ve oluşturduğu politikalarla daha sürdürülebilir ve yaşanabilir kent mekanları yaratmayı hedeflemiştir.

3. AB'DE KENTLEŞME OLGUSU VE DOĞAL EKOLOJİK YAPIYA YAKLAŞIM

Avrupa'da kentleşme süreci sanayi devrimi sonucu 19'cu yy sonlarında plansız olarak başlamış ve kentlerde sorun yarattığı gibi, kırsal alanlarda da bozulmalara neden olmuştur. Bu bozulmalar kırsal alanların terk edilmesini, kentsel toprakların doğal ve ekolojik yapısının, kentsel yapılaşma ile yok olmasını ortaya çıkarmıştır. Kentlere olan kırsal göç 1851 ve 1901 arasında tarımsal iş gücündeki oranı %27' den %8.7'ye düşürmüştür (Fishman, 1977). Bu tehlikeyi 1900'lü yıllarda gören Avrupa, kentleşmeyi ve sanayileşmeyi planlamış ve doğal ekolojik yapıya etkilerini azaltmaya çalışmıştır.

Çağımızdaki küreselleşme hareketleri sonucu Avrupa'daki ülkeler ekonomik gelişmelerini sağlamış ve sanayileşme olgusunu tamamlamışlardır. Ayrıca Avrupa'da sanayiler ucuz iş gücü teminine yönelik olarak kendi ülkelerinden tasfiyeye giderken, demografik yapıdaki değişim yani doğum oranının azalıp, yaşlı nüfusun artmasıyla oluşan bir kentsel yapı ortaya çıkarmıştır. Dolayısı ile nüfus artışı olmayan ve sanayi tasfiyesi ile kentlerde kullanılamayan alanlar oluşmuştur. Bu alanlarda kentsel dönüşüm projeleri ile doğal ve ekolojik yapının yeniden kurulması sorunu ön plana çıkmıştır. Tüm bu sorunların çözümü için Avrupa topluluğu önce ekonomik birliktelik, daha sonra yönetim ve yaşam ortamlarını birleştirerek refah düzeyini artırmaya yönelik yaşanabilirlik ve sürdürülebilirlik hedefleri ortaya koymuştur.

3.1. AB'deki Kentsel Çevre ve Çevre Politikalarının Gelişimi

1957'de Roma Anlaşmasıyla kurulan Avrupa Ekonomik Topluluğu (EEC) Avrupa Birliğinin başlangıcı olarak kabul edilir. Roma Anlaşması Tek Avrupa Hareketi tarafından 1986'da yeniden gözden geçirilmiş ve Avrupa Birliği Anlaşması olarak bilinen Maastricht Anlaşmasıyla 1992 yılında tekrar yenilenmiştir. 1997'de Amesterdam Anlaşmasıyla üye devletlerin de kabul ettiği son şeklini almıştır.

Avrupa Birliği'nin amacı ekonomik entegrasyon olduğu için, başlangıç aşamasındaki düzenlemelerde çevre konusunda herhangi bir hedef ve amaç ortaya çıkmamıştır. Fakat Birlik içinde bulunan tüm yurttaşların yaşam koşullarının iyileştirilmesi amacı, birliği çevre konusunda da bazı önlemler alma yoluna götürmüştür. Bugün Birlik ölçeğinde ekonomik gelişme çevre eksenli yaşam kalitesinin iyileştirilmesiyle paralel ilerlemektedir. Bu doğrultuda, alınan ekonomik kararlarda ekolojik açıdan da fayda ve maliyetin hesaba katılması gerekli görülmüştür.

Avrupa Birliği çevre tanımını yaparken, insanlığın yaşam koşulları ve toplumun karşılıklı etkileşim içinde bulunduğu doğal, sosyal ve kültürel çevreyi kapsadığını yani kentsel yaşam mekanın ve onu etkileyen etmenleri de içine aldığını belirtmektedir (Budak, 2000).

Ekonomik gelişme için Avrupa'da doğal yapının bozulması, yaşanabilir alanların azalması ve bu doğal ekolojik yapının geriye döndürülmesinin çok zor olması, Avrupa Birliğini gerekli tedbirleri alma zorunluluğu içine itmiş ve sağlıklı bir yaşam çevresi oluşturulması gerekliliğini ortaya çıkarmıştır.

Avrupa Birliği bu gelişmeye paralel olarak çevre politikasında, aşağıdaki amaçları ortaya koymaktadır (Schmidt, 2004);

- Çevrenin korunması ve kalitesinin iyileştirilmesi
- İnsan sağlığının korunması
- Doğal kaynakların özenli kullanımı
- Bölgesel yada küresel çevre sorunlarının üstesinden gelmek için uluslar arası düzeydeki önlemlerin teşvik edilmesi

Avrupa Birliği bu amaçla doğal kaynakların akılcı biçimde idare edilmesini, yenilenebilen ve yenilenemeyen doğal kaynakların tutumlu ve daha rasyonel kullanılmasını benimsemiştir. Topluluk, çevre konusunda kapsamlı bir şekilde değerlendirme yapmaktadır, bu hem doğal hem de insan tarafından oluşturulan çevreyi kapsamaktadır.

Bu gelişmeler ışığında Avrupa çevre politikasının ilkeleri Maastrricht Anlaşmasının 130R maddesinin (2)'inci fıkrası altında şu şekilde oluşturulmuştur (Budak, 2000);

- **Kirleten Öder İlkesi:** Çevreyi kirleten kişi yada kuruluşun çevreye verdiği zararın ödetilmesi ve tekrar kazandırılmasından sorumlu tutulmasıdır.
- **Özen Gösterme İhtiyat İlkesi:** Çevrenin her durum ve koşul altında korunması ve devamlılığının sağlanması için yapılan düzenlemelerdir.
- **İşbirliği İlkesi:** Çevre sorunlarında devlet ve toplumun ortaklaşa hareket etme olanağını sağlayan bir ilkedir.

- **Önleme İlkesi:** Bu ilke zararı gidermeden önce önlemeyi tercih eden bir yaklaşımdır. Çevre korumada önleme ilkesi zararın ortaya çıkmasından sonra alınacak tedbirlerden daha gerçekçi olduğu vurgulanmaktadır.
- **Kaynağından Önleme İlkesi:** Buradaki amaç çevre zararlarının en erken safhada tespit edilmesi ve zararın çıkış kaynağına yönelik olarak tedbir alınmasıdır.

Avrupa Birliği'nin ortak bir çevre politikasını yürürlüğe koymasında iki önemli neden ortaya çıkmaktadır. Birincisi Avrupa Birliği Antlaşmasının, yaşama ve çalışma koşullarının iyileştirilmesini istemesidir; ikincisi ise, üye devletlerde görülen farklı yasal düzenlemelerin, rekabette ve ticaret engellerinde bozulmalara yol açmasıdır (Kraetschell ve Renner, 1995).

Ayrıca her üye devletin farklı çevre politikası ve farklı uygulamaları vardır, Topluluk bunu ortak bir hedef haline getirmek amacındadır. Çünkü bir devletin yaptığı uygulama diğer devlet tarafından uygulanmıyorsa yapılan müdahale amacına ulaşmayacaktır. Fakat Topluluk bunu ortak hedef haline getirerek, hem ekolojik yapının korunmasını hem de sürdürülebilirliğinin sağlanmasını amaçlamaktadır.

Avrupa Topluluğu'nun çevre politikaları üzerindeki ortak hedefleri 1990 yılında "Çevre Deklarasyonu" içinde aşağıdaki gibi tanımlanmışıdır (Budak, 2000);

- Hava, su ve toprağı, bitki ve hayvan alemini insan faaliyetlerinin zararlı etkilerinden korumak,
- İnsanların faaliyetlerinden kaynaklanan bu zararları ve hasarları ortadan kaldırmak,
- Toplumun sahip olduğu çevre değerlerini korumak ve geliştirmek,
- Çevre politikalarının uygulanmasının gerekli kıldığı yükün paylaşılmasında, toplumsal adalet ilkelerine uyulmasını sağlamak.

Çevre politikaların benimsenmesinde ve uygulanmasında bilimsel ve teknik veriler kullanılmaktadır. Birliğin her bölgesindeki çevresel koşullar, çevreye bulunulan eylem sonucunda ortaya çıkan avantajlar ve yükümlülükler incelenmektedir. Bu süreçte birliğin ekonomik ve sosyal gelişimi ile, Birlik Bölgelerinin dengeli gelişimi göz önünde bulundurulmaktadır.

Avrupa Birliği'nin çevre politikalarının en önemli uygulamalarından biri, çevre denetimi ile çevre yönetim sistemi ve çevre işletim denetimlerinde özel sektör girişimlerini gündemine dahil edilmesiyle, çevreyi korumaya yönelik büyük adımlar atılmıştır.

Avrupa Birliği, ekolojik yapının floranın ve faunanın korunması ve sürdürülebilirliğinin sağlanmasına yönelik 1972 yılında yapılan Paris Avrupa Zirvesiyle uygulamaya dönük önlemler paketleri tanımlanmıştır (Budak, 2000):

- En iyi çevre politikası, kirlenme etkisini kaynağından önleyen politikadır (Kaynakta Önleme İlkesi)
- Çevre politikası ekonomik ve sosyal gelişme ile uyum içinde olabilir ve olmalıdır.
- Bütün teknik planlama ve karar-alma süreçlerinde çevresel etkiler mümkün olan en erken safhada hesaba katılmalıdır(Çevresel Etki Değerlendirme).
- Doğal kaynakların sömürülmesinden ve ekolojik dengeye önemli ölçüde zarar verecek her şeyden sakınılmalıdır(Doğal Kaynak Yönetimi).
- Topluluktaki bilimsel ve teknolojik bilgi standartları, çevreyi korumak ve geliştirmek, kirliliği ve rahatsızlık verici durumları ortadan kaldırmak için etkin bir faaliyet içine girmek amaçlanmalıdır. Bu alandaki araştırmalar teşvik edilmelidir.
- Rahatsızlık doğuran sebepleri önlemek ve ortadan kaldırmak için yapılacak masrafları ilke olarak kirleten tarafından üstlenilmelidir.(Kirleten Öder İlkesi)

- Bir üye devlet içinde yürütülen faaliyetlerin başka bir devletin çevresine herhangi bir şekilde zarar verememesinin önlenmesi için tedbir alınmalıdır.
- Topluluk ve üye devletler çevre ile ilgili unsurlar arası örgütlerde seslerini duyurmalı ve bu örgütlere yaratıcı katkılarda bulunmalıdır.
- Çevrenin korunması, topluluktaki herkes için bir sorundur. Toplum, çevrenin önemi konusunda bilinçlenmelidir.
- Her bir farklı kirlilik kategorisinde, kirlilik tipine uygun olan faaliyet seviyesini tercih etmek gereklidir.
- Her bir ülkede çevre politikasının ilkeleri vakit geçirmeksizin belirlenmeli ve tek başına yürürlüğe sokulmalıdır.
- Topluluk çevre politikası, ulusal seviyede potansiyel ve güncel gelişmeye engel olmadan ulusal politikaların mümkün olduğunca uyumlu gelişmesini amaç edinir. Bu gelişme ortak pazarın başarılı işleyişini tehlikeye düşürmeyecek şekilde yürütülmelidir.

Avrupa Birliği çevre kanunun oluşturulmasında ve çevre politikası ilkelerinin ortaya çıkmasında 1972 Paris Avrupa zirvesinin önemli bir rolü olmuştur. Bu gelişmeleri takiben 1987 yılında Tek Avrupa Senedi ile Roma Antlaşması (1957) içindeki 130 "R", "S", "T" maddeleri geliştirilerek değiştirilmiş ve çevreyi korumaya yönelik tedbirler artırılmıştır. Böylece çevre koruma, açıkça topluluğun görevlerinden biri olarak tanınmış ve 1991'de Maastricht Bakanlar Komitesince bir topluluk politikası olarak antlaşmalara dahil edilmiştir. 1997 Amsterdam Antlaşmasıyla Avrupa Birliği hukuksal yapısı oluşturulmuş ve üye devletlerin kabul ettiği son halini almıştır.

Amsterdam Antlaşması (1997); topluluk içindeki politikalar ve aktivitelerde önemli çevre konularının üzerinde duran ve sürdürülebilir gelişimin özellikle dikkate alınmasını sağlayan antlaşma olmuştur.

Avrupa çevre hukukunun kaynakları uluslararası hukuk, Avrupa Birliği Antlaşması ve Avrupa Komisyonu Antlaşmasıdır. Buradaki düzenlemeler, direktifler ve kararlar Avrupa Çevre Hukukunu oluşturmaktadır. Uluslararası kanundaki deklarasyonlar bağlayıcı değildir, eğer ulusal kanunlar tarafından uygulanabiliyor ve onaylanabiliyorsa antlaşmaları imzalayan devletler için bağlayıcıdır. Avrupa Birliği ve Avrupa Komisyonu antlaşmaları genel olarak sadece üye devletler için bağlayıcı olduğu gibi, bazı koşulları doğrudan bağlayıcı ve uygulanabilirdir. Dolayısıyla Avrupa Birliği düzenlemeleri doğrudan olarak Avrupa Birliği vatandaşları için bağlayıcı ve uygulanabilirdir. Avrupa Birliği direktifleri üye devletler için bağlayıcı olduğundan, üye devletler ulusal kanun yoluyla bunları uygulamak zorundadır.

Fakat üye devletler metotlarda ve şekillendirme seçiminde ayrılmaktadır. Direktifleri onaylayan üye devletler direktifleri ulusal meclislerinden geçirmek zorundadır. Avrupa Mahkemesi Avrupa Komisyonu kanunun uygulanması için iki prensip geliştirmiştir: "Direkt Etki" Avrupa Birliği kanunlarıyla bir devletin uygulamadaki yanlışını düzelterek bireylerin haklarını korumak. "Üstünlük" Avrupa Birliği Kanunlarıyla ulusal kanunlar arasındaki uyuşmazlıkta daima Avrupa Birliği kanununa öncelik vermek (Schmidt, 2004).

Avrupa Birliği Maastricht Anlaşması (1992) içinde oluşturulan çevre kanunlarının hedeflerini şu şekilde ortaya koymuştur (Schmidt, 2004).;

- Çevre kalitesi koruması ve iyileştirilmesinin sürdürülebilirliği
- İnsan sağlığının korunması
- Doğal kaynaklardan ölçülü ve rasyonel yararlanma
- Uluslararası düzenlemelerin artırılmasıdır

Bugün Avrupa Birliği içinde oluşturulan çevre hukuku, çevre eylem programlarının bir sonucu olarak ortaya çıkmıştır. Çevre eylem programlarında alınan kararlar aşağıda verilmektedir (Özer, 2003);

I. Çevre Eylem Programı: 1973-1976 yılları arasını kapsar ve ilkelerini tanımlar; özellikle çevrenin değişik sektörlerinde yapılması planlanan eylemlerini anlatır. I. Çevre Eylem Programının getirdiği yenilikler şunlardır; çevreye olan baskıların önlenmesi ve azaltılması, ekolojik dengenin korunması, doğal kaynakların akılcı kullanılması ve insanlara en iyi yaşam koşullarını sunan bir çevrenin sağlanmasıdır.

II. Çevre Eylem Programı: 1977-1981 dönemini kapsar. I. Eylem Programının devamı ve genişletilmiş hali olup; yapılması gereken faaliyetler somutlaştırılmıştır. Topluluk II. Çevre Eylem Programında vatandaşlarının yaşama koşulları, yerleşim yerlerindeki yaşam kalitesinin iyileştirilmesini hedef olarak saptanmıştır.

III. Çevre Eylem Programı: 1982-1986 yılları arasındaki dönemi gösterir. III. Çevre Eylem Programı çevre ile diğer politikalar arasında uyum sağlanmasında rol oynamıştır ayrıca ÇED yönetmeliği hazırlanması ve uygulanması gibi konuları öne çıkarmıştır. III. Çevre Eylem Programının getirdiği yenilikler şunlardır; çevre politikasını diğer politikalarla uyumunun sağlamıştır, önlem alma politikasının önemi vurgulanmıştır. III. Çevre Eylem Programında sorunların ortaya çıkmadan önlenmesinin daha gerçekçi olduğu belirtilmiştir.

IV. Çevre Eylem Programı: 1987-1992 döneminde uygulanmıştır. Bu eylem programı diğerlerinden ayrıştıran nokta sıkı çevre standartlarına yer vermesi, hem ulusal hukukun hem de büyük oranda Birlik hukukunun düzenleme alanı içerisinde yer almasıdır. IV. Çevre Eylem Programının getirdiği yenilikler şunlardır; eylem alanlarına yönelik çevre politikası geliştirilmiştir, katı çevre normları çıkarılmıştır, üçüncü programın somutlaştırılmıştır, çevreye uyumlu bir tarım politikası geliştirilmiştir, toprağın korunması karara bağlanmıştır, kıyıların korunma programı karara bağlanmıştır.

V. Çevre Eylem Programı: 1992-2000 dönemini kapsar. Bu eylem programında sürdürülebilir kalkınma, sorumluluğun topluca paylaşılması ve sanayi, enerji, tarım ve turizm sektörlerine özel önem verilmiştir. Bu eylem programında sürdürülebilirlik ön plana çıkmıştır ve çevrenin korunmasında bugünden alacağımız tedbirlerin önem kazanması gerektiği üzerinde durmuştur.

VI. Çevre Eylem Programı: Bu program 2001-2010 yılını kapsamaktadır. Bu programda V. Programın devamı niteliğindedir. Bu programın getirdiği yenilikler şunlardır; çevre politikasının diğer politikalara uyumuna özel önem verilmiştir ve komisyon içi çevresel bütünlük mekanizmasının oluşturulması hedef seçilmiştir, ana çevresel göstergeler ile sektörel birleştirme göstergelerinin oluşturulup yıllık olarak yayımlanmasına önem verilmiştir, çevresel veri sisteminin oluşturulması, topluluk sorumluluk rejiminin oluşturulması, ikame ve ispat yükümlülüğü ilkeleri getirilmiştir.

Avrupa Topluluğu bu çevre eylem programlarının ardından, kent planlaması ve toprak kullanımındaki çevresel etkilerin farkına varmış ve bu anlamda kentleşme olgusunda toprak kullanımı için gerekli düzenlemeleri yapma yoluna gitmiştir. Özellikle doğanın ve doğal kaynakların ekolojik dengeye zarar verecek şekilde kullanılmasını engellemek ve bu kullanımın daha rasyonel olması yönünde tedbirler almıştır.

Avrupa Birliği topografyası çok çeşitli ve çok zengin flora ve faunaya sahiptir. Avrupa Birliği, flora ve faunanın korunmasına yönelik olarak "Natura 2000" adlı direktifle bir biotop sistemi oluşturulmasına yönelik bir adım atmıştır (Habitat Direktifi, 1992). Bu sistem içinde kuş habitatlarının ve türlerinin korunmasına yönelik tedbirler alınmıştır, ayrıca belirli doğal alan tiplerinin muhafazası ve özel çeşitlilikteki flora ve faunanın tekrar yaratılmasına yönelik düzenlemeler yapılmıştır.

Fakat Avrupa Topluluğunun ekonomik gelişimi bu değerli ekolojik yapıyı tehdit etmektedir. Toprakta biriken asit Avrupa için büyük tehlike oluşturmaktadır. Önceleri Avrupa'daki orman alanları %80-90'ları bulurken şu anda % 33'e gerilemiştir ve otuz yıl içinde %10 kayıp olmuştur (Budak, 2000). Avrupa'da Ren, Elbe ve Tuna gibi büyük nehirleri endüstrileşme, tarım ve kentleşmenin baskısı altında çok büyük kirlilik değerlerine ulaşmıştır.

Avrupa Birliği'ndeki nehirlerin kirlenmesi sonucu Birlik Nitrat Direktifi çıkarmıştır. Böylece nitrat kirlenmesi içindeki nehir ve arazilerin kirlenmesinin azaltılması yönünde tedbirler alınmıştır. Avrupa Birliği çeşitli aktivitelerle ve arazi kullanımını dolaylı etkilemektedir. Örneğin Direktif 85/337/EEC projeler için Çevresel Etki Değerlendirmeyi şart koşmaktadır ve diğer direktiflerle doğal alanlara yakın alanlar için standartlar tanımlamıştır.

Büyük kentlerde yaşanılan hava kirliliği sorunu halledilememiş ve sürekli yaşanan kronik bir sorun haline gelmiştir. 500.000'den fazla nüfus barındıran Avrupa şehirlerinde %70 ile %80'inde senede en azından bir kez, kısa süreli hava kirliliği seviyesinin Dünya Sağlık Teşkilatı hava kalitesi değerlerinin aştığı ifade edilmektedir. Ayrıca Avrupa kentleri sürekli kükürt dioksit ve azot oksit emisyonları üretmektedir ve topluluk dünyadaki toplam sanayi atıklarının %70'ni üretmektedir (Budak, 2000). Bu da sanayileşmenin ve kentleşmenin Avrupa'daki ekolojik yapıyı ne kadar fazla baskı altında bıraktığını bize göstermektedir.

İnsan çevresi bir çok uygulama tarafından etkilenmektedir. Örneğin ulaşım, ekonomi, sanayi ve tarım; toprak, hava, su için zararlı olan atık-gaz, atık-su ve diğer artıklar çevreyi etkileyen unsurlar olarak göze çarpmaktadır. Bu çevresel etkileşim sadece ulusal boyutlarda değil uluslararası boyutlarda da sorunlara yol açmaktadır. Hava kirliliğinin ülke sınırlarını aşması ve Avrupa Birliği akarsularının iki veya daha fazla ülke içinden geçiyor olmasını örnek gösterebiliriz. Görülmektedir ki çevre ve çevreyi etkileyen unsurlar uluslararası bir çözüm gerektirmektedir. Avrupa Birliği bir çevre hukuku oluşturarak bu anlamda çözüm yolları üretmeye çalışmaktadır.

3.2. AB'deki Kentsel/Bölgesel Eşitsizlik ve Çevre Sorunları

Avrupa Birliği farklı ekonomik yapı ve özelliklere sahip bölgelerden meydana gelmektedir. Bu bölgeleri tanımlamak gerekirse; tarım alanları, kırsal alandaki endüstrileşmiş bölgeler, eski sanayi bölgeleri ve merkez bölgelerin ekonomisine yetersiz oranda entegre olmuş merkeze uzak büyük şehir bölgeleri olarak tanımlanabilir (Oralalp, 2001).

Avrupa Birliğinde şirket stratejilerinin küreselleşmesi nakliye ve lojistik ağlar arasında kesişme noktaları yaratmaktadır. Bu kesişme noktaları da ekonomik anlamda çok önemli bölgeler ve kentler meydana getirmektedir.

Avrupa'da ekonomik gelişme, yatırım ve yeni ekonomik sektörler kentler ve bölgeler arasındaki rekabeti artırmaktadır. Bu anlamda Avrupa da işbirliği ağı da gelişmiştir. Gelişen işbirliği ve rekabet bazı kentleri diğerlerinden daha çok ön plana çıkarmış ve önemli bir konuma getirmiştir. Avrupa da ki bu oluşum, kentler sisteminde rekabet gücünün iyileştirilmesini hedeflerken bazı kentlerin ve bölgelerin rekabet yeteneğini ve gelişme şansını kaybetmesine neden olmuştur.

Avrupa Birliği sürdürülebilir mekânsal gelişim ve bölgesel denge konusunda, ekonomik dengesizlik göstermektedir (Committee on Spatial Development, 1999). Avrupa Birliği'nin merkezinde Londra, Paris, Milan, Münih gibi metropol kentler bulunmaktadır. Bunlar Avrupa Birliği nüfusunun %40'ına GSMH'nin %50'sine sahiptir ve Avrupa Birliği'nin %20'lik alanını kaplamaktadır (Committee on Spatial Development, 1999). Ayrıca Avrupa Birliği kuzey kısmındaki bazı bölgeler örnek olarak Güney Finlandiya ve Güney İngiltere gibi Avrupa Birliği GSMH ortalamasının %50'sinden azdır (Committee on Spatial Development, 1999).

Avrupa'da görülen bu gelişmiş metropol kentler küresel ekonomi içinde Avrupa'nın diğer kentleriyle yarışta bir adım önde görülmektedir. Bu anlamda diğer Avrupa kentleri ekonomik, sosyal, kültürel açıdan bu dengeyi ulaşmak ve yarışmacı kent kimliğiyle küresel ekonomideki yerini almak zorundadır.

Günümüzde küreselleşmenin neden olduğu ekonomik ve sosyal olgular Avrupa'daki kentleşme sistemi üzerinde önemli etkiler ortaya çıkarmıştır (Freundt, 2001). Bunlar;

- Yeni fonksiyonların düzensiz dağılımı,
- Kentsel bölgeler arasında değişmiş ekonomik birbiriyle kaynaşma ilişkileri,
- Ekonomik potansiyel ve yenilik kapasitesinin düzensiz dağılımı,
- Avrupa'nın güçlü kentsel ekonomik merkezleri de dahil olmak üzere artan sosyal soyutlama ve yoksul konutların artması,
- Birçok kentsel bölgede, kent çevresinde yaşanan artan yerleşme baskısı olarak özetlenebilir.

1986 ve 1996 yılları arasında AB'nin 25 bölgesi düşük GSMH'ye sahipti ve Bu alanların geri kalmışlığı kısmen azaltılabilmiştir (Committee on Spatial Development, 1999). Bu 25 bölgedeki kişi başı GSMH seviyesi 1986'daki Avrupa Birliği ortalaması %52'den 1996'da %59'a artmıştır (Committee on Spatial Development, 1999). 1986'da 25 zengin bölgenin GSMH'si 25 fakir bölgeden 2.7 kat daha iyidir; 10 yıl sonra kişi başı GSMH arasındaki fark sadece 2.4'dür. Bu yavaş ilerleme ile Avrupa Birliği'nin yüksek orandaki eşitsizliğini ortadan kaldırmamıştır (Committee on Spatial Development, 1999). Avrupa Birliği'ndeki hesaplamalara göre, 1996'da ABD'deki eyaletler arasındaki eşitsizlikler Avrupa Birliği'ndekinden %50 daha azdır (Committee on Spatial Development, 1999).

Avrupa Birliğinde mekânsal olarak tanımlanan alanlar genel anlamıyla bölgeler kavramı üzerinde yoğunlaşmaktadır. Avrupa Birliği bu bölgeleri düzenlemek ve geliştirmek hedefindedir. Böylece gelişmiş alanlarla geri kalmış alanlar arasında bir denge kurulmaya çalışılmakta ve bu amaçla ortaya koyulan hedefler şunlardır (Dinçer, 2001);

Hedef 1: Kalkınmada geri kalmış bölgelerde kalkınma ve yapısal uyumu desteklemek; bu alanlar Avrupa'da Gayri Safi Milli Hasılanın altında olan bölgeler olarak tanımlanmaktadır ve bu anlamda geliştirilmeye muhtaç alanlardır.

Hedef 2: Yapısal krizdeki bölgelerde ekonomik ve toplumsal dönüşüme destek sağlamak; genel anlamda endüstriyel çöküşten etkilenen ve yeniden yapılandırılması gereken alanlardır

Hedef 3: Eğitimde, öğretimde ve istihdamda uyumun ve modernizasyonun desteklenmesi gerekmektedir. Ayrıca uzun süreli önlemlerin alınmasını ve genç işsizleri konu alır.

Hedef 4: Çalışanların sanayideki yapısal uyumları ile ilgili hedefleri.

Hedef 5a: Tarım ve balıkçılıktaki yapısal uyum çalışmaları yönlendirilmiştir.

Hedef 5b: Kırsal alanlardaki yapısal gelişmeler için kaynakların yönlendirileceği bölgeler.

Hedef 6: Seyrek nüfuslu alanlardaki yapısal gelişmeler için kaynakların yönlendirileceği bölgeler olarak tanımlanmaktadır.

Avrupa'da yaşanmakta olan küreselleşme süreci içinde mekânsal gelişim açısından bölgesel, ulusal ve yerel düzeyler ön plana çıkmaktadır. Bölge planları hem kent planlarını hem de toprak kullanımı hakkında karar almayı gerektirdiği için Avrupa bölgeler dağılımı içinde mekânsal gelişim olgusuna çözüm yolları üretmiştir. Üye ülkelere arasındaki bölgesel uçurumlar ekonomik farklılıkların ortadan kaldırma çalışmalarıyla soruna çözüm aramıştır.

Avrupa'da "Ekonomik ve Parasal Birlik" gücü oluşturulduğu andan itibaren Avrupa entegrasyonu önemli ilerleme kaydetmiştir. Ekonomik ve sosyal entegrasyonun büyümesiyle, sınırlar ayrı karakterlerini hızla kaybetmeye başlamıştır. Ayrıca Üye Devletlerin kent ve bölgeleri arasında çok yoğun ilişkiler ve birbirine bağımlılık ortaya çıkmıştır. Bu etkileşim bir ülke içindeki bölgesel, ulusal yada Birlik projelerinin etkisi ile diğer Üye Devletlerinin mekânsal yapısı üzerinde değişikliklere neden olmaktadır.

Eğer Üye Devletler Avrupa Birliği içindeki mekânsal gelişimin genel hedeflerine bağlı kalırsa, Üye Devletler arasındaki gelişim projelerinde bir devlet diğerini en iyi şekilde tamamlayacaktır. Bu nedenle Üye Devletler mekanla ilgili her konunun detaylı bir şekilde tanımlandığı gelişim rehberine ihtiyaç duymaktadır. 1999 yılında Avrupa Komisyonuyla, Üye Devletler arasındaki işbirliğini sağlayan Avrupa Mekânsal Gelişim Perspektifiyle (ESDP) oluşturulmuştur. Bu gelişim sonucunda Avrupa Birliği'ndeki hedef çok merkezli, dengeli ve sürdürülebilir bir kent sistemi gelişiminin sağlanmasına yönelik çalışmalar olarak belirlenmiştir.

Bölgesel gelişim eşitsizlikleri- bazı durumlarda- hala Birlik politikasının mekânsal etkileriyle çelişmektedir. Tüm bu mekânsal gelişim sorumluluğu mekânsal gelişim için bir politik rehber hazırlamak zorundadır. Avrupa Birliği, Avrupa Mekânsal Gelişim Perspektifi sağlanan denge hedefleri, sürdürülebilir gelişim ve özellikle güçlü ekonomi ve sosyal uyumu temel almaktadır. Avrupa Mekânsal Gelişim Perspektifi, Birleşmiş Milletler Brundlandt Raporunda açıklanan sürdürülebilir gelişmeyi mekânsal gelişmenin bir ön koşulu olarak kabul etmiş ve sürdürülebilir gelişmenin dengeli mekânsal gelişmeyle başarılabileceğini ortaya koymuştur. Bunun anlamı özellikle kültürel fonksiyonlar ve ekolojik alanlarla mekânsal gelişim için sosyal ve ekonomik uyum talep edilmektedir, bu nedenle geniş ölçekteki bölge gelişimindeki denge ve sürdürülebilirliliğe yardım edilmelidir (Committee on Spatial Development, 1999).

Mekânsal gelişme politikaları mekânsal yapı içindeki dengeyle Avrupa Birliği'nin sürdürülebilir gelişimini hedeflemektedir. 1994'ün başlarında, Avrupa mekânsal gelişim politikalarını aşağıdaki gibi belirlemiştir (Freundt, 2001);

- Dengeli gelişme, polisentrik (çok merkezli) kent sisteminin kurulması ve yeni bir kent-kır ilişkisinin sağlanması;
- Bilgiye ve altyapıya ulaşımda eşitliğin sağlanması,

- Sürdürülebilir gelişme, tedbirli yönetim ve doğal ve kültürel mirasın korunmasıdır.

ESDP içinde oluşturulan hedeflerin ulusal, bölgesel ve yerel düzeylerde Avrupa kurumları, hükümetleri ve yönetim otoriteleri tarafından benimsenmesi tavsiye edilmektedir. Avrupa Birliği ESDP ile Avrupa kentlerinin entegrasyonunun takip edilmesi gerekliliğine işaret etmektedir, ESDP ile birlikte Üye Devletler çeşitliliği korumayı ve AB içinde sürdürülebilir gelişimle daha dengeli bölgeselleşmenin başarılmasını hedeflemektedir. Bu durum Avrupa Parlamentosu, Bölgeler Komitesi ve Ekonomik ve Sosyal Komite tarafından desteklenmektedir. ESDP, Birliğin sektörel politikaları ile Üye Devletlerin bölgeler ve şehirleri arasında en iyi iş birliği için politik bir çerçevedir. Bu nedenle ESDP 1994'de alınan politik prensiplerle uyumludur. Bu politik prensipler aşağıda verilmektedir (Committee on Spatial Development, 1999);

- Mekânsal gelişme ekonomik ve sosyal uyum hedefinin gerçekleştirilmesinde önemli etkilere sahiptir.
- ESDP Topluluk politikalarında değişmeden kalan sorumlu kurumların mevcut yeterliliğini sağlar. ESDP Topluluk politikalarının uygulanmasını desteklemektedir.
- ESDP'nin temel hedefi; dengeli gelişme ve sürdürülebilirliğin sağlanmasıdır.
- ESDP mevcut kurumların uyumunu gözetmektedir ve Üye Devletler üzerinde bağlayıcı nitelikte değildir.
- ESDP yerellik ilkesini korumaktadır.
- Her bir ülke, ulusal gelişme politikalarını belirlerken Avrupa Mekânsal Gelişim Perspektif ilkelerini göz önüne almalıdır.

ESDP ile önerilen politik hedefler ve seçenekler tüm Üye Ülkeler için mekânsal yapı ve mekânsal gelişme konularında yönlendirici olmak üzere ortaya konulmuştur. Ekonomik ve sosyal gelişme süreçlerinin Avrupa Birliğindeki doğal ekolojik ve kültürel yapıya olumsuz etkilerinin, AB bölgelerinde mimari, peyzaj planlaması ve kent planlaması yönünden çalışmalarla dengeli ve uyumlu hale getirileceği Avrupa Mekânsal Gelişim Perspektifiyle belirtilmektedir.

Avrupa'da bölgeler sadece ulus devletlerin bir parçası değil aynı zamanda uluslararası bir sistemin parçasıdır. Bir bölgenin gelişimi, yerel kapasite ve birikimi doğrultusunda uluslararası alanda rekabet edebilmesiyle mümkün olmaktadır. Avrupa'da bölgeler ve yerel birimler kendi kimlikleriyle var olan ve varlığını sürdüren yapılar olarak görülmektedir.

Avrupa Birliği'nde sınırları aşan mekânsal düzenlemelere gidilmektedir. Avrupa Topluluğu bu mekânsal düzenleme ve planlama olgusunu INTERREG projeleriyle desteklemektedir.

INTERREG, gelecekteki amaç ve programların sınır ötesi mekan düzenleme içinde, bölgesel planlama ve işbirliği stratejilerinin bütünleştirilmesi olarak tanımlanmaktadır (Ahlke, 2001). Bu anlamda ortaya koyulan projelerden bazıları aşağıdaki Şekil 3.1.'de ortaya konmaktadır.

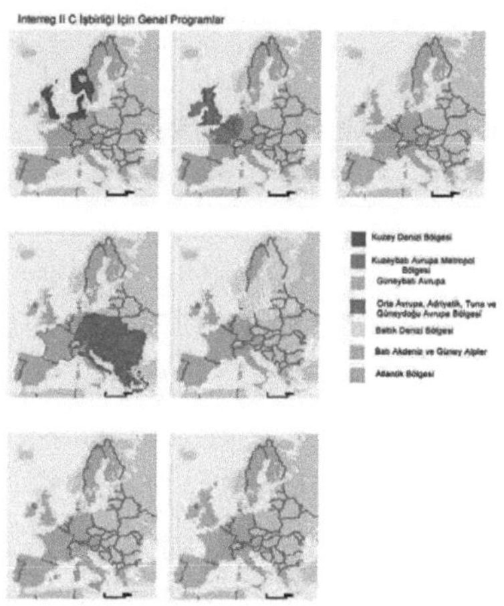

Şekli 3.1. Interreg II C İşbirliği İçin Genel Programlar

Kaynak: Committee on Spatial Development, 1999

INTERREG II C işbirliği içinde, Avrupa'da bölgeler arasındaki dengesizlikleri gidermek ve bölgeler arasındaki işbirliğini artırmak amacıyla ortaya konulan bazı ortak projeler geliştirilmektedir. Bu doğrultuda, AB sınırları içinde geri kalmış bölgelerin kalkındırılması ve sınır bölgelerinin geliştirilmesi hedeflenmektedir.

ESDP'nin resmi ve hukuksal bağlayıcılığı olmamakla birlikte, yönlendirici olarak AB'nde mekânsal planlamayı ve politikaları yakından etkilemektedir. Avrupa'da mekânsal planlama politikalarının entegre bir biçimde sürdürülmesini sağlamak üzere işbirliği amaçlanmaktadır. Bu işbirliğinin yatay ve dikey bir boyutu vardır. Yatay işbirliği yerel, bölgesel ve ulusal düzeylerde önemli görülmektedir. Dikey işbirliği ise, birlik içindeki politikalarda ulus ötesi, ulusal ve yerel düzeyde işbirliği için gereklidir (Şekil 3.2.).

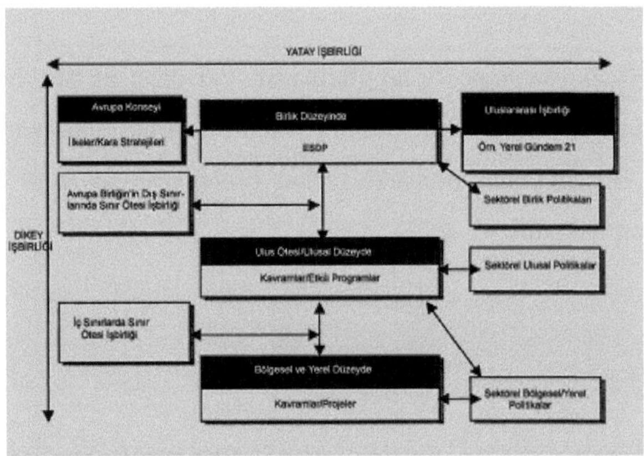

Şekil 3.2. Yatay-Dikey İşbirliği(mekânsal gelişme için işbirliği yolları)

Kaynak: Committee on Spatial Development, 1999

Avrupa Birliği'nde dengeli bir mekan gelişiminde sosyal ve ekonomik beklentiler ekolojik ve kültürel fonksiyonlarla birlikte göz önünde bulundurulmaktadır. Bu süreç mekânsal gelişme için ekonomik ve sosyal bütünleşme, doğal yaşam ve kültürel mirasın korunması ve dengeli bölgesel gelişimini teşvik etmektedir.

Dengeli gelişme açısından yapılacak olan bir değerlendirmede Avrupa'da kentler arasında dengesizlik, işsizlik, çevre sorunları, doğal ve kültürel mirasın üzerindeki baskı unsurları ön plana çıkmaktadır.

Avrupa kentlerindeki sorunların tanımlanması ve çözüm yollarının üretilmesi amacıyla 1994 yılında Leipzig'de yapılan toplantıda aşağıdaki ilkeler benimsenmiştir (Oralalp, 2001);

- Mekânsal gelişim ekonomik ve sosyal uyum yaratmak zorundadır
- Mekânsal gelişim perspektifi mevcut bulunan topluluk politikalarıyla kurumsal bir işbölümü ve sorumluluk sağlamalıdır
- Sürdürülebilir ve dengeli gelişim esas hedef olarak belirlenmeli ve yerellik ilkesi Avrupa Birliğinin çok önemli bir uygulama aracı olarak benimsenmelidir.

2003 yılında yayınlanan ve İtalya Araştırma Enstitüsü tarafından organize edilen Avrupa Ortak Göstergeler Projesi ile, kentlerin ve kentsel çevrenin sürdürülebilirliğine ilişkin önemli saptamalar yapılmıştır.

AB dengeli ve sürdürülebilir bir mekan planlaması için bir hedef üçgeni oluşturmuştur (Şekil 3.3.);

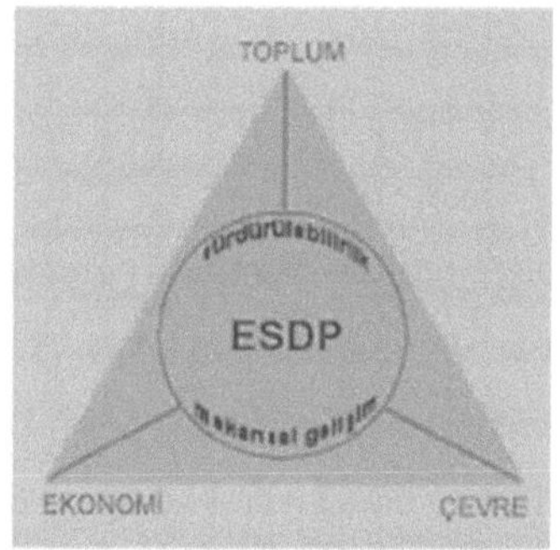

Şekil 3.3. Avrupa'daki Sürdürülebilirlik Üçgeni

Kaynak: Committee on Spatial Development, 1999

Sürdürülebilir bir mekan planlamasını sağlanması için, toplum, ekonomi ve çevreyi bir bütün halinde düşünmenin gerekliliği vurgulanmaktadır. Bu doğrultuda bölgeler ve kentler için sürdürülebilir mekânsal gelişme öngörülmektedir.

Avrupa'da kentlerin sürdürülebilirliğine ilişkin, önemli kararlar getiren bir diğer sözleşme 1992 yılında kabul edilen Avrupa Kentsel Şartı'dır. Bu sözleşme içinde alınan bazı kararlar aşağıda verilmektedir [1][1];

- Fiziksel şehir ortamı iyileştirilmelidir,
- Konut planlaması ve üretiminde kentsel ilkeler geliştirilmelidir,
- Kent güvenliği sağlanmalı ve suçlar önlenmelidir,
- Kentlerde sosyo-ekonomik sorunlar önlenmelidir,
- Kentsel alanlarda spor aktiviteleri ve boş zamanları değerlendirme olanağı yaratılmalıdır,
- Yerleşimlerde kültür ve kültürler arası kaynaşma sağlanmalıdır,
- Kentlerde sağlık ve kent sağlığını gözeten planlama ve imar ilkeleri uygulanmalıdır,
- Halk katılımı ile kent yönetimi ve kent planlama ilişkisi düzenlenmelidir,
- Kentlerde ekonomik kalkınma sağlanmalıdır.

Avrupa Kentsel Şartı ile, sağlıklı ve sürdürülebilir bir kentleşme anlayışı geliştirilmiştir. Bu doğrultuda Avrupa'da kent mekanlarının sürdürülebilir gelişiminin sağlanmasında, bir rehber oluşturmuş ve yerel düzeyde sürdürülebilir gelişme desteklenmiştir.

27 Mayıs 1994'de ise Aalborg İmtiyazı Avrupa Konferansında sürdürülebilir kentler konusunu ele almıştır. Bu konferans sırasında Gündem 21 prensiplerinin desteklenmesi, yerel otoritelere yetki verilmesi gibi konular ön plana çıkmıştır. Bununla birlikte, sürdürülebilirliğe doğru yerel yönetim, doğal kaynakların kullanımı,

[1] Paragraf içinde, tablo ve şekil altındaki bu numaralar sırasıyla internet kaynaklarını göstermektedir.

planlama ve tasarım, daha az trafik ve daha rahat hareketlilik, yerel ekonominin sürdürülebilirliği, küresel yerelleşme ve özellikle Gündem 21 konuları tartışılmıştır.

Avrupa'da planlama perspektifleri mekânsal ve yaşanabilir bir çevrenin yaratılması yönünde kararların alınması ile yön bulmuş, dengeli ve sürdürülebilir bir gelişim amaçlanmıştır. Bu doğrultuda, Avrupa'nın bugünkü gelişim sürecini oluşturan önemli konferanslar ve uluslararası anlaşmalar (Bruntlandt, Rio v.b.) ile AB'nin temelini oluşturan anlaşmalar (Amsterdam, Maastricht anlaşmaları), planlama, ekonomik ve çevre politikalarının geliştirilmesinde etkili olmuşlardır. AB ile bütünleşme sürecinde olan Türkiye'nin bu doğrultuda kendini hazırlaması ve bir yön çizmesi gerekmektedir.

2003 yılında İtalya Araştırma Enstitüsü tarafından hazırlanan Avrupa Ortak Göstergeleri Projesiyle, kentsel sürdürülebilirlik ve kentsel çevrenin sürdürülebilirliğine ilişkin önemli saptamalar yapılmıştır. Avrupa kentlerinde kentsel çevrenin sürdürülebilirliği ve yaşanabilirliğinin artırılması amacını taşıyan bu çalışmada kullanılan kriterler, Türkiye'de Yozgat kenti içinde örnek olarak yapılan bu araştırmanın da yöntemini oluşturmaktadır.

3.3. Gelecekteki Üye Devletler İçin AB Mekânsal Gelişim Politikaları ve Avrupa Ortak Göstergelerindeki Prensipler

Avrupa Birliği'ne aday ülkeler hem mekânsal gelişmelerinde hem de kentsel sürdürülebilirlik konularında, Avrupa ölçeğinde hazırlanan Avrupa Mekânsal Gelişme Perspektifi ve Avrupa kentleri için hazırlanan projeleri göz önüne almak durumundadırlar.

Avrupa Birliği'ndeki uzun dönemli mekânsal gelişme eğilimleri 3 faktör tarafından etkilenmektedir(Oralalp, 2001):

1. Ekonomik entegrasyon sağlanan ve Üye Devletler arasında iş birliğinin güçlendirilmesi ,
2. Yerel ve bölgesel toplumların büyümesi ve mekânsal gelişimde rollerinin belirlenmesi,
3. AB'nin genişlemesi ve komşular arasında yakın ilişkilerin geliştirilmesi.

AB'nin mekânsal gelişimi, demografik, sosyal ve ekolojik koşullardan etkilendiği gibi, küresel ekonomik ve teknolojik gelişme altyapılarından da etkilenmektedir.

AB'deki mekânsal gelişme konuları idari ve yönetimsel düzeyler arasındaki işbirliğinin kurulması ile geliştirilebilir. Bölgesel, ülkesel ve Avrupa ölçeğindeki yönetimler arasında ilişkilerin güçlendirilmesi gerekmektedir. Hem küresel gelişmelerde hem de yerel ölçekteki kararlarda, kentler ve bölgeler daha bağımsız olmaya başlamışlardır. AB, kentler ve bölgeler için mekânsal gelişmeyi desteklemektedir.

Avrupa Mekânsal Gelişme Perspektifi, Avrupa'da kent ve bölgeler gelişim politika ölçümlerinin ötesinde geniş ölçüde çevresel imkanlar sağlamıştır. Dolayısıyla, Avrupa'nın bu mekânsal durumlara odaklanması bölgeler için artan gelişim olanaklarını değerlendirmektedir. ESDP ile ülkeler arasında işbirliğini güçlendiren politikalara öncelik verilmiştir. Avrupa Birliği'nin hedeflerini gerçekleştirebilmesi için şehirlerin ve bölgelerin aktif işbirliğine ihtiyaç duyulmaktadır.

Avrupa'da mekânsal gelişimin desteklenmesini sağlamak amacıyla çeşitli önlemler alınmaktadır. Bu önlemler, Topluluk politikaları içinde mekânsal birlikteliğin sağlanmasına yönelik eylemlerden ve mekânsal sürdürülebilirliğin sağlanmasından oluşturulmaktadır (Committee on Spatial Development, 1999);

I-Yardım oranlarının tanımlanması ve finansal desteklere uygun alanların saptanması

Bu alanlar bölgesel amaçla ulusal kaynaklarca desteklendiği gibi mekânsal yapı politikalarına aracı olarak da tanımlanır. Yani bu alanlar mekânsal politikaların uygulandığı ve mekânsal sürdürülebilirliğin sağlandığı alanlardır; mesela bölgesel fon altında bulunan alanlar gibi.

II-Altyapının geliştirilmesi

Topluluk politikaları sürdürülebilir bir mekânsal gelişim ağı oluşturabilmek ve Topluluk bakış açısı içinde altyapısal bağların artırılabilmesine yönelik tedbirleri doğrudan desteklemektedir. Bu duruma örnek olarak Avrupa-geçiş ağları özelliklede ulaşım ve enerji sektörleri ve yerel ilişkili altyapı görünüşleri gösterilebilir.

III-Mekânsal kategorilerin kullanılması

Çoğu Topluluk politikasında mekânsal kategoriler kullanılmaktadır, mesela çevre koruma alanında hazırlanan yasal uygulamalardaki gibi (Natura 2000 ağı altında verilen flora ve fauna türleri ve habitatlarının korunması için seçilen alanlar gibi), özel yardımların tahsis edildiği alanlar (dağ bölgeleri, Amsterdam anlaşmasının 130. maddesine göre adalar ve özel direktif tarafından desteklenen tarım arazileri gibi), yada Araştırma, Teknoloji ve Gelişim için 5. çerçeve programının kesin tanımlamaları oluşturulan alanlardan meydana gelmektedir. Bu tanımlanan alanlar mekânsal gelişim içinde koruma-kullanma dengesinin oluşturulmasına yönelik tedbirler getirmektedir. böylece daha sürdürülebilir ve yaşanabilir mekanlar oluşturulmaktadır.

IV-Fonksiyonel sinerjinin gelişimi

Birlik politikaları içinde mekânsal sürdürülebilirlik içinde mekânsal sürdürülebilirlik için fonksiyonel ve sinerji gelişimi göz önüne alınmalıdır. Örneğin mekânsal sürdürülebilirlik için ulaşım alanında yapılan araştırmalar içinde, ulaşım talepleri ve alan kullanım arasındaki etkileşimler düşünülerek yada uygun ulaşım tarzının saptanmasıyla sağlanmaktadır. Bölgesel politikalar yerel sürdürülebilirlik ihtiyaçlarını destekleme eğilimindedir; örneğin enerji politikalarında kentsel planlama içinde güneş enerjisinin kullanımının sağlanmasıyla bölgesel politikalarla yerel alanlar için sürdürülebilir enerji kullanımı ortaya koyulmaktadır.

V-Mekânsal gelişme yaklaşımlarına entegrasyon

Birlik aktiviteleri mekânsal boyutta çok sektörlü yaklaşmaktadır ve mekânsal gelişim uyumunu da sağlamaya çalışmaktadır. Bu mekânsal gelişim ulusların sınırlar ötesi işbirliği (INTERREG II C) üzerine kurulmaktadır; bunlar kırsal alanların gelişim entegrasyonundaki politikalardır; ve Kıyı Bölgesi Yönetim Entegrasyonu üzerindeki Sunum Programlarıdır. Bu tür mekânsal gelişim yaklaşımları ve projeler hala yeterli konuma getirilememiştir.

Avrupa Birliği içine dahil olan tüm ulusal hükümetler ve kentlerin entegrasyon için şu prensipleri takip etmesi uygundur (Committee on Spatial Development, 1999);

- Sürdürülebilirlik bütüncül bir politikadır. Bunun için bazı düzenlemelere gerek duyulmaktadır. Mesela yapı planlama, konut arazi yönetimi, yerel otoriteler yasası, özel kanun anlaşmaları ve kamu ilişkileri gibi.
- Sürdürülebilirlik önlem almayı gerektirmektedir, örneğin yapı planlama aşaması içinde kent, kasaba ve belediyelerin gelecekteki enerji tüketim yolunun düşünülmesi gibi, bu şekilde enerji gerekliliği planlı bir şekilde azaltılacaktır.
- Sürdürülebilir yerel yönetim politikaları içinde, tüm yönetim alanları ve sorumluluklarının sağlanabilmesine yönelik olarak temsilcilikler ve yerel yönetime yardımcı olacak ekiplerin kurulması gerekmektedir. Bu oluşumun sağlanabilmesine yönelik olarak üst politikalar üretilmek zorundadır. Çünkü gelecekte yerel yönetim içinde oluşacak sosyal, ekonomik ve ekolojik sorunlar ve durgunluklar, oluşturulan bu temsilcilikler ve yerel yönetime yardımcı olacak ekiplerle aşılacaktır.

- Sürdürülebilir politika fikir birliğine bağlıdır. Sürdürülebilirlik resmi bir uygulama değildir, fakat sorumluluk alınarak başarılabilmektedir. Bu nedenle çevresel organizasyonlar ve ticaret birliktelikler, endüstriyel federasyonların içindeki toplumlar arasındaki ilişki çok önemli bir rol oynamaktadır.

Avrupa Birliği kentsel gelişme ve ekolojik yapı unsurları için sürdürülebilirliği önemli görmektedir. Bu amaçla kentsel gelişmede rol oynayan tarihsel, sosyal, kültürel ve doğal yapıyı oluşturan özellikler ön plana çıkmaktadır. Bu yapı kentsel sürdürülebilirliğin temel altyapısını oluşturmaktadır. Avrupa Ortak Göstergeleri Projesiyle Avrupa'daki kentsel yaşam kalitesi ile kentsel sürdürülebilirliğin ekolojik yapıyla dengeli gelişmesinin gerekliliği ortaya konulmuştur. Bu doğrultuda sürdürülebilirlik ile ekonomik gelişme, çevresel bütünlük ve toplumun refahı esas alınmaktadır. Kentsel gelişmede doğal ve yapılı çevrenin oluşturulmasında ve korunmasında ekonomik faydanın maksimize edilmesinin yanı sıra; doğal ve yapılı çevre birbirleri ile uyumlu olmalıdır.

Avrupa için sürdürülebilir bir kentsel gelişmenin boyutları aşağıda verilmektedir (Committee on Spatial Development, 1999);

- Kentleşme sürecinde, ekolojik yapı kentsel gelişme ile birlikte korunmalıdır.
- Ekolojik yapı şimdiki ve gelecekteki yapı içindeki yerini planlamayla birlikte almalıdır.
- Kentleşme bulunduğu sistemin doğal ve sosyal koşullarını dikkate almalıdır
- Kentleşme ve ekoloji arasında denge kurularak bir gelişme sağlanmalıdır
- Ekoloji, kentin fiziksel yapısı içindeki yerini sürdürülebilirlik anlayışıyla bulmalıdır.

Kentleşme olgusu kentsel alanları etkilediği gibi kent çevresini de etkilemektedir; bu olgu sürdürülebilir ve dengeli bir biçimde sağlanamadığı taktirde kırsal alanları ve ekolojik bağlamlı alanları da olumsuz olarak etkilemektedir. AB'nin mekânsal ve kentsel alanlardaki temel hedefi sürdürülebilir ve dengeli gelişme olmuştur, bu bağlamda alınan tedbirler AB genişlemesinde de büyük rol oynamıştır. Türkiye gibi AB'ye üye olma aşamasındaki ülkelerin AB kriter ve uygulamalarına adapte olması gerekmektedir. Özellikle kentsel alanların sürdürülebilir ve ekolojiyle dengeli gelişiminin sağlanması çok önemlidir.

Türkiye'deki kentsel gelişim olgusunun AB'den farklı ve aynı olan yanlarıyla değerlendirilmesi gerekmektedir. Türkiye'deki kentleşme dinamikleri AB'nin sağlamaya çalıştığı sürdürülebilirlik için önemli bir yol gösterici etken olarak karşımıza çıkmaktadır.

4. TÜRKİYE'DEKİ KENTLEŞME SÜRECİNDE DOĞAL EKOLOJİK YAPI

Türkiye'deki kentleşme ve kentleşmeye bağlı sorunlar 1950'li yıllarda hızla artmaya başlamıştır. Kentsel gelişimin bu hızlı ilerleyişi doğal olarak insan çevresini ve doğal çevreyi etkilemiştir ve kendine özgü sorunları da beraberinde getirmiştir. Örneğin yeni kentli ile eski kentli arasındaki sosyolojik uyum sorunu, yeni kentlinin konut sorunu, kentsel kimliğin kaybolması, doğal ekolojik yapının bozulması v.b. gibi sorunlar ortaya çıkmıştır. Bu sorunlar Türkiye'de kentsel gelişimin planlı ilerlemesini engellemiş ve sonuçta kentleşme Türkiye'de büyük bir sorun haline gelmiştir.

Türkiye'de kentleşme imar planları ve imar uygulama planlarıyla kontrol altına alınmaya çalışılmıştır. Ancak bilindiği gibi bu planlı kentleşme imar afları ya da imar planları içinde alınan kararların bozulmasıyla ekolojik alanları tehdit eder bir hale gelmiştir. Türkiye'de kentsel gelişim içinde kentsel arsaya olan talebin artmasıyla imar sınırları içinde henüz imar haklarına sahip olmayan alanlar bu sınırların içinde ve dışında bulunan ekolojik bağlamlı alanları ve tarım alanlarını imarlı arsalara dönüştürerek kentsel alanların genişlemesine yol açmıştır (Arslan, 1997).

Ayrıca kentlerde istenmeyen unsurlar ve kente yeni göçenler kentsel alnının dışına doğru itilmiştir. Öncelikle tarım bölgelerinden şehre gelenlerin yerleşim alanları belli değildir. Çünkü hem şehre gelen köylü hem de kentsel yönetici kadrosu bu şekildeki bir gelişime hazırlık yapmamıştır. Kira, arsa ve bina fiyatlarının ucuz olması, düşük satın alma gücü, şehir içinde yer değiştirmeyen nüfus gibi zorlayıcı tesirler gecekondulaşmayı kentsel çevre etrafında yerleşmeye itmiştir. Bu gelişim zaman içinde kent etrafındaki ekolojik yapıyı bozmuş ve sürdürülebilir, dengeli bir gelişim önlenmiştir.

4.1. Türkiye'deki Kentleşme Dinamikleri

Cumhuriyetin kurulmasından günümüze Türkiye'deki kentleşme bazı kırılma noktalarıyla ivme kazanmış ve bugünkü halini almıştır. Keleş'e (2002) göre kentleşme iletici, itici ve çekici güçlerin etkisindedir. İtici etmenler köyünden kopan nüfusu kentlere taşıyan ulaşım araçlarındaki ve olanaklarındaki gelişimlerdir. Çekici güçler ise köyünden ayrılan yada ayrılmaya hazır bulunan nüfusu kentlere doğru çeken ekonomik ve toplumsal etmenlerdir (Keleş, 2002). Türkiye'deki kentleşme olgusu bu etmenler üzerine kurulmuş ve gelişmiştir. Avrupa Birliğine entegrasyon sürecindeki Türkiye'nin kentsel gelişim olgusunun ortaya konulması ve kuramsal altyapısının anlatılması konumuzun içeriği açısından çok büyük önem arz etmektedir.

Bu anlamda Türkiye'deki kentleşmenin kırılma noktaları ekonomik, siyasal ve sosyo-kültürel bağlayıcılar başlıkları altında incelenerek ortaya konulacaktır;

Ekonomik Boyut: Cumhuriyetin kurulmasıyla başlayan siyasal süreç içinde ekonomi politikası devletçi bir anlayışla ilerlemeye başlamıştır. Bu devletçi anlayışın uygulanmasının en büyük nedeni güçlü bir sermaye sınıfının olmaması ve sermaye birikiminin yeterli olmamasından kaynaklanmaktadır.

Bu anlamda 1938'e kadar devlet sermaye birikimini kontrol etmiş ve tam anlamıyla liberal bir ekonomik anlayışı oturtamamıştır. Buna bağlı olarak devletin yaptığı sanayi yer seçimleri bazı küçük kasabaları dahi kent haline dönüştürmüştür örnek Karabük. Fakat 1952 yılında A.B.D.'nin yaptığı Marshall yardımının ardından Türkiye'deki ekonomik süreç hızla değişmiştir. Bu yardımın ardından traktörün kırsal alana girmesiyle dört kişilik emek gerektiren bir işin tek kişiyle yapılabilmesinin mümkün olması, kırda yaşayan toplumu kente iten önemli nedenlerden birisi olmuştur. Zorunlu devletçi sanayi anlayışının yerini liberal dış sermayeye açık yapı almıştır. Sermayenin kendi gelişim alanının seçmesi, kentleşme deviniminin sanayi endeksli ilerlemesini hızlandırmıştır.

Türkiye'de nüfusun büyük olduğu alanlar kentleşmenin sanayi ağırlıklı olduğu alanları göstermektedir. Türkiye'de sanayi kuruluşlarının bulunduğu alanların hemen hepsi kısa sürede kent konumuna gelmiştir (Örneğin Karabük, Batman, Kırıkkale, Seydişehir). Sanayiler yarattıkları emek istemi oranında iş olanağı sağlamaktadır. Doğal olarak bu yapı kentleşme oranını da artırmaktadır. Göreceli olarak Türkiye'de en hızlı gelişen şehirler Ankara, İstanbul ve Bursa olarak gösterilebilir, bu şehirlerde de sanayi hizmeti oranında hizmet sektörü de gelişmiştir. Özellikle başkent olması itibarıyla Ankara gibi bazı illerimizde hizmetler sektörü sanayi kesiminin önüne geçmiştir.

Siyasal Boyut; Cumhuriyetin ilk yıllarıyla birlikte kırsal alandaki nüfus desteklenmiş hatta 1923 yılındaki İzmir İktisat Kongresinde Atatürk; "Çiftçi Yeni Türkiye Tarihinin Yazılmasında Kullanılan Bir Kalemdir" sözüyle kırsal yapıyı ön plana çıkarmıştır. Ayrıca İzmir İktisat Kongresiyle 1923-1938 yılları arasında devletçilik anlayışı ekonomik ve siyasal alanda bir model olarak uygulanmıştır. İzmir İktisat Kongresinin ülkesel ve bölgesel mekan politikalarına dönük uygulamaları Türkiye'deki kır-kent ilişkisine dair değişimin altyapısını oluşturmuştur. Bu uygulamaları şunlardır;

1. Ankara'nın başkent olarak ilan edilmesi üst siyasal bir karar olarak mekan organizasyonu açısından en önemli adımı oluşturmaktadır
2. Anadolu'da belli başlı yerleşimlerde dokuma, şeker, çimento gibi imalat sanayileri geliştirilmesine dönük siyasi kararlar alınıp uygulamaya sokulmuştur. Böylece bu merkezler ve civarlarındaki nüfus bu sanayilerde istihdam edilerek mekânsal yerleşim yapısı yeniden düzenlenmiştir.
3. Hammadde ve mamul mallarının çok hızlı ve etkin bir biçimde belirli merkezlere ulaştırılabilmesi amacı ile demiryolu ağlarının güçlendirilmesine dönük politikalar uygulanmıştır.

Bu alınan siyasi kararlar 1950'lere kadar, kırsal nüfus yapısında önemli değişiklikler görülmemiştir. Ancak 1950'lerden sonra tek partili siyasal sistemden çok partili sisteme geçişle beraber, kır-kent arasındaki nüfus dengesi köklü politika değişiklikleriyle etkilenmiştir. Bu anlamda 1945 yılında Türkiye'deki kentlerde yaşayan nüfus 3.5 milyon iken 1950 yılında 4.9 milyona çıkmıştır. Bu artış her geçen yıl sürmüş ve belirgin bir kentsel arsa sorunun ortaya çıkmasına sebep olmuştur.

Türkiye'de kentleşme olgusundaki sorunların ortaya çıkışı bu süreçten sonra hız kazanmıştır. Kentlerde nüfus hareketleri kentsel sorunların başlıca nedeni olmuş, siyasal süreç de kentsel sorunları temel bir siyasi araç olarak kullanmaya olanak tanımıştır. Kentsel alanlardaki sorunlar tarihi çevreden, eğitime, konuttan, yeşil alanlara kadar çeşitlilik göstermektedir.

Uygulamada gerekli önlemlerin alınmaması, toplumun köylerden kentlere göçünün teşvik ediliyor şeklinde algılanmasına yol açmıştır. Nüfus hareketleri ve ekonomik yatırımların bir bölge planlama düzeyinde ele alınmaması dolayısıyla, dengesiz kentleşme devam etmiş ve kent yönetimini işin içinden çıkılması zor bir hizmetler sorunuyla baş başa bırakmıştır.

Bu durum 1950'li yıllardan günümüze kadar ki dönemde de sürmüştür. Politikacılar yıllarca dar anlamda siyasal amaçları uğruna kentleşme içindeki çarpık ve sağlıksız yapılaşmaya yani gecekondulaşmaya izin vermiştir. Her yerel ve genel seçimlerden önce gecekondulaşmayı destekleyici, ekolojik bağlamlı alanların yok olmasına dönük politikalar izlenmiştir. Bunun yanı sıra anayasada korunması gereken ve statüsü belirlenmiş olan kıyı alanları, orman bölgeleri siyasal ve ekonomik çıkarlar uğruna hızla yok edilmiştir. Bunda siyasi karar vericilerin söz konusu alanları istedikleri biçimde kullanma niyetlerinin bulunması vardır. Bu bakımdan, siyasi nedenler mekânsal yapının dönüşmesindeki temel etkenlerin başında gelmektedir.

Sosyal ve Kültürel Boyut; II. Dünya Savaşının sonrasında başlayan ve 1950'li yılların başlarından itibaren belirginleşen yeni ekonomik ve siyasal süreçler Türkiye'de sosyal ve kültürel değişimleri de beraberinde getirmiştir. Türkiye'nin NATO'ya katılışı ile birlikte dünya siyasi konjonktüründe yerinin belli olmasından sonra alınan dış kaynaklı Marshall yardımı ile beraber kentleşme süreci kırsal itici güçlerin devreye girmesiyle hızlanmış, kentlere olan ulaşılabilirlik artmış ve buna paralel olarak kentleşme hızı da artmaya başlamıştır. Özellikle tarımda makineleşmeye geçiş kırdan kopuş sürecini hızlandırmış, yurt sathında başlayan karayolu hamlesi de kentsel çekiciliğin altyapısını oluşturarak kentlere ulaşılabilirliği daha da kolay hale getirmiştir.

Tüm bu faktörlerden dolayı kırsal alanlardan kentsel alanlara doğru oluşan nüfus hareketi ile birlikte mevcut kentlerin sosyal ve kültürel yapıları da değişmeye başlamıştır. Özellikle bu süreçten ilk olarak etkilenenler büyük kentler olmuştur. Kıray'ın saptamalarında 1950'li yılların başlarına kadar Türk kentlerinde batı standartları ile özdeşleşmiş bir şehirli kitlesi bulunmaktadır (Kıray, 1998). Bu dönemde, kentler içinde oluşan kentsel yaşam örgüsü batıdakiyle benzerlik göstermektedir, hatta sosyal ve kültürel benzerliklerin yanı sıra batı standartlarında işçi-işveren ilişkileri görülmekteydi. 1950'li yıllardan sonra başlayan süreç kentli orta sınıfını iki durumda etkilemeye başlamıştır.

Daha önce belirttiğimiz kırsal alanlardan kentsel alanlara doğru oluşan nüfus hareketleri göç sorununu ortaya çıkarmış, kentlere yığılan söz konusu nüfus planlama ve altyapı sorunlarını beraberinde getirmiştir. Bunun yanı sıra, 1940'lı yılların ortalarından başlayan "gecekondu"laşma süreci; 1950'li yıllarda aşırı göç olgusu ile birlikte hızlı ve düzensiz kentleşmenin bir sonucu olarak özellikle büyük kentlerde zaman içinde hakim konut üretim süreci haline gelmiş ve kentlerin sosyal ve kültürel yapıları da değişmeye ve dönüşmeye başlamıştır. Keleş'in saptamalarına göre gecekonducu aileler bu değişim süreci içinde, az çok sürekli bir gecekondu kültürü yaratmaktadırlar. Aynı zamanda bu kültür, büyük kentlerimizin yaygın ve egemen kültürü durumuna da gelmektedir (Keleş, 2002).

Kıray değişimin ikinci boyutunu ise orta sınıfların erozyonuyla bağdaştırmaktadır. Kıray'a göre, gelişmeye başlayan büyük sermaye yeni orta üst sınıfı yaratmıştır. Dolayısıyla kentsel modernleşmenin temsilcisi olan klasik şehirli grup yeni gelişen zengin ve kır kökenli gruplar arasında göreceli üstünlüğünü kaybetmiştir. Böylece Avrupa'ya entegre olan kentli bir kültürel yaşamın kent içindeki etki alanı azalmıştır (Kıray, 1998).

1950'lerin getirdiği kırsal göç ile yeni zengin grupların artması nedeniyle değişikliğe uğrayan kentsel yaşam kendine özgü yeni dinamikler edinmiştir (Kıray, 1998). Özellikle kentlerde ikili bir yapının (kentsoylu- kır kökenli) oluşumundan bahsedilmeye başlanmıştır. 1980'li yıllar itibarı ile bu ikili yapının bir kültürel sorun değil ama bir yapısal sorun olduğu anlaşılmaya başlanmıştır (Tekeli, 1982).

Günümüz itibarı ile özellikle büyük kentlerdeki ikili yapı devam etmesine karşın, kentteki kültürel yapı ve sosyal katmanlar; yaratılan kentsel değerin bölüşümü ve transferi ile belirlenme aşamasına gelmiştir. Bunun yanı sıra 1950'li yıllarda başlayan ve büyük şehirlere doğru akan aşırı göç dalgası günümüzde hemen hemen durma noktasına gelmiş, bu göçler özellikle bölgesel merkez niteliğindeki kentlere (Diyarbakır, Erzurum, Antalya, Mersin) doğru kaymıştır.

4.2. Türkiye'de Mekânsal Yapıdaki Değişim ve Dönüşüm

II. Dünya savaşından sonra kırdan-kente göçün artışı sonucu Türkiye'de mekânsal yapı da hızlı bir değişim ve hızlı bir kentleşme olgusu ortaya çıkarmıştır. Bu olgunun ortaya çıkışının iki önemli nedeni vardır. Bunlar; Türkiye'deki hızlı nüfus artışı ve tarımsal kesimde hızlı bir mekanizasyona gidilmesidir. Bu iki önemli sebep birbirini etkilemiş ve kırsal alandaki baskınlığın kentsel alan lehine değişmesi sonucunu doğurmuştur.

Şekil 4.1. 1970'li Yıllarda Ankara'daki Kontrolsüz Kentsel Gelişmeden Bir Görüntü

Kaynak: [2]

Kırsal alandaki bu makineleşme kırda olan işgücünün azalmasına yol açmıştır. Bunun sonucu olarak kırdaki işsiz nüfus kentteki iş olanağının fazla olmasını sebep olarak görmüştür. Bu süreç kırdan kente göçü körüklemiştir. Ayrıca kırsal alanda miras yoluyla kalan toprakların çok kişi arasında bölünmesi sonucu verimli tarımsal arazinin kullanılamayacak hale gelmesi de kente göçü destekleyen bir diğer unsur olarak göze çarpmaktadır. Bu kır-kent nüfus hareketi sonucunda 1970'li (Şekil-5) yıllardan itibaren geniş boyutlu çevre sorunlarını ortaya çıkarmıştır (Görmez, 1997). Bu çevre sorunları kentsel alanlardaki yaşamı olumsuz olarak etkilemiştir.

Tablo 4.1. Çeşitli Ülkelere Ait Nüfus ve Kentleşme Oranları

Ülkeler	Toplam Nüfus (Milyon)			Yıllık Nüfus Artış Hızı (%)		Kentsel Nüfus/Toplam Nüfus (%)	
	1980	**1998**	**2015***	**1980-1998**	**1998-2015***	**1980**	**1998**
İtalya	**56,4**	**57,6**	**54,4**	**0,1**	**-0,3**	**67**	**67**
Japonya	**116,8**	**126,4**	**124,4**	**0,4**	**-0,1**	**76**	**79**
ABD	**227,2**	**270,3**	**304,9**	**1,0**	**0,7**	**74**	**77**
Fransa	**53,9**	**58,8**	**61,1**	**0,5**	**0,2**	**73**	**75**
Portekiz	**9,8**	**10,0**	**9,8**	**0,1**	**-0,1**	**29**	**61**

Arjantin	**28,1**	**36,1**	**42,8**	**1,4**	**1,0**	**83**	**89**
Meksika	**67,6**	**95,8**	**120,8**	**1,9**	**1,4**	**66**	**74**
Çin	**981,2**	**1,238.6**	**1,388.5**	**1,3**	**0,7**	**20**	**31**
Türkiye	**44,5**	**63,5**	**77,9**	**2,0**	**1,2**	**44**	**73**
Dünya	**4,430.2**	**5,896.6**	**7,112.9**	**1,6**	**1,1**	**40**	**46**

Kaynak: Worldbank, World Devolopment İndicators 2000 [3].

▪ Tahmini rakamlar

Tablo 4.1. bize göstermektedir ki Türkiye 1980 ve 1998 yılları arasında hızlı bir kentleşme süreciyle karşı karşıya kalmıştır. Dünyada 1980-1988 yılları arasındaki kentleşme oranı %40'dan %46'ya çıkarken ülkemizde ise %44'den %73'e çıkmıştır. Ayrıca nüfus artışındaki hızda Türkiye'deki kentsel gelişmeyi körükleyen en önemli sebep olarak görülmektedir.

Kente göç eden bu yeni kentli yapısı, kentleşme olgusu içinde konut sorunuyla karşılaşmıştır ve bu sorun. kır-kent arasındaki çekişmeyi, kent içi çekişmeye dönüştürmüştür. Kentsel gelişim kent içindeki araziyi konut ve sanayi şeklinde doldurmuş bunun karşısında kentsel arazi ihtiyacı ortaya çıkmıştır.

Kentleşmenin bu hızlı gelişimi zamanla kendine kırsal alanları da hedef seçmiş ve kısa zaman süreci içinde yapışık kentler ortaya çıkarmıştır, İstanbul-İzmit koridoru bu gelişime örnek verilebilir. Kentleşme süreci sanayi kesimindeki artışla kent içindeki sağlıksız ve plansız kentleşmeyi de beraberinde getirmiştir.

Türkiye'deki bu hızlı mekânsal değişim kentsel alanlar da ve onun çevresinde yaşayanları, çevre sorunları ve çevre kirliliği ile baş başa bırakmıştır. Ayrıca doğal ve ekolojik yapı kentleşmenin bir sonucu olarak yok olma tehlikesiyle karşı karşıya kalmıştır.

4.3. Türkiye'de Doğal Ekolojik Yapının Değişmesine Etken Olan Faktörler

Kentsel gelişme doğal ekolojik yapıyla uyumlu olduğu sürece yaşanabilir kentler yaratmıştır. Türkiye'de toplam arazinin %36'sını tarım arazileri, %28'ini çayır ve otlaklar, %26'sını ormanlar, %4'ünü fundalıklar, diğer %4'ünü bataklık ve kumullar, %2'sinide yerleşim yerleri ve su yüzeylerinden oluştuğu bilinmektedir [4]. Kentsel yerleşim alanları %2'lik bir orana sahip olmasına rağmen; tarım arazilerinden, orman alanlarına çok çeşitli ekolojik alanları olumsuz olarak etkilemektedir (Şekil 4.2.).

Şekil 4.2. Kentleşmenin Yarattığı Olumsuzluklara Bir Örnek

Kaynak: [5]

Kentsel alanlar nüfus hareketleri ile etki alanını genişletmektedir bu gelişim doğal ekolojik yapı üzerine olumsuz etki göstermektedir. Nüfusun yer değiştirmesindeki bu kentsel gelişim mekan boyutunda bir dengesizlik yaratmaktadır. Bu gelişim kent çevresindeki ekolojik yapıyı da olumsuz yönde etkilemektedir. İzmir kenti (Şekil 4.3.) için yapılan bir araştırma da metropoliten alan sınırları içindeki nüfusun %58'inin yasal %42'sinin ise kaçak konutlarda oturduğu sonucuna varılmıştır [4]. Kentsel gelişim ülkemizde İzmir örneği göstermiştir ki ülkemizde kentsel gelişimi kontrol altında tutmak oldukça zordur. Buna bağlı olarak ekolojik yapı da olumsuz etkilenmektedir.

Şekil 4.3. İzmir Kent Merkezinden Görüntüler

Kaynak: [6]

Konut gelişimi, kentsel alan içinde sorun yaratan bir öğe olarak karşımız da durmaktadır (Şekil 4.4.) kentsel gelişim içinde çözülemeyen bu olgu kent gelişimini ve ekolojik yapıdaki bozulmaların temel sebebi olarak görülmektedir. Konut, kentsel mekanın temel öğesi ve toplumun kent içindeki yaşam birimi olarak kentsel gelişim olgusunda önemli bir yere sahiptir. Bu anlamda kent içinden kent dışına doğru gelişen bir uydu kent modeli ortaya çıkmış, bu da kentsel alanın etkilerini merkezden uzaklaştırıp daha geniş alanlara yayılmasına sebep olmuştur. Böylece ekolojik bağlamlı alanlar sadece kentsel yer seçim yanlışlıklarından değil, plansız kentsel gelişmenin getirdiği olumsuz etki sonucundan da payını almıştır.

Şekil 4.4. İstanbul Kentsel Alanındaki Gecekondulaşmadan Bir Örnek

Kaynak: [7]

Kentsel gelişim çevre faktörlerini dikkate almayarak bugünkü istenilmeyen sonuçları ortaya çıkarmıştır. Çözüm ise ekolojik bağlamlı alanlar ile kentsel yerleşim alanlarının dengeli ve birbirine uyumlu olarak gelişmesinde yatmaktadır. Fakat hızlı kentleşme planlı gelişimi engellediği gibi, beklenmedik gelişim etkilerine de sebep olmaktadır.

Kentleşmenin hızlı gelişiminin yanında siyasal erklerin, yerinde ve zamanında önlem alamaması kentsel sorunları durdurulamayan bir hal içine sokmuştur. Kentlerin fiziki planlamasında, çevresel uyuma dikkat edilmemesi ve çevre sağlığına, tarihsel ve doğal zenginliklere zarar verici biçimde gelişimlerin durdurulamaması sonucu kentsel gelişim doğal ekolojik yapıyı olumsuz yönde etkilemiştir.

Özellikle hızlı kentsel gelişim doğal ekolojik yapı üzerinde etkisini hızla artmıştır. Bu gelişim kısa zamanda insan sağlığı ve doğal denge üzerindeki olumsuz etkiler ortaya çıkarmıştır. Sonuç olarak doğal ekolojik yapının sürdürülebilirliği için tedbirler alınması ve dengeli bir kentsel gelişim sağlanması gerekmektedir.

4.3.1. Nüfus Artışı ve Kentsel Arsaya Olan Talep

Ekonomik kalkınma ile nüfus artışı arasındaki dengesizlik, kentsel arsaya olan talebi artırmıştır ve bu gelişim kentlerdeki gecekondulaşmayı hızlandırmıştır. Hızlı büyüme konut ihtiyacını artırırken, imarsız ve plansız konutlaşma kentsel alan içinde değerli konuma sahip alanları seçmiştir. Bu gelişim kent içindeki arsalara olan talebin artmasına ve kent çevresindeki ekolojik bağlamlı alanların, bu gelişime yenik düşerek kentsel gelişim içinde yok olmasına sebep olmuştur. Kentleşme içindeki bu nüfus baskısı kentsel yaşam düzeyini olumsuz etkilemiştir.

Cumhuriyetin ilk yıllarında Türkiye'deki toplam nüfus 13,6 milyondur. Bu nüfusun 10,3 milyonu köylülerden oluşmaktadır (Kurt, 2003). Görülmektedir ki kent ve kentsel nüfus bu tarihlerde kırsal alan ve doğal ekolojik yapı üzerine çok fazla baskı yapmamıştır.

2000 yılında yapılan nüfus sayımında ise Türkiye'nin nüfusu 67 milyondur. Cumhuriyetin ilk yıllarındaki nüfus yapısı kırsal nüfustan kentsel nüfusa hızlı bir değişim göstermiştir. Bu zaman dilimi içinde kentlerde yaşayan nüfus 44 (%64,9) milyonu bulmuştur. Köylerde yaşayan nüfus ise 23 (%35,1) milyon da sınırlanmıştır (Kurt, 2003).

Köyden gelenler kentsel yerleşime iki türlü adapte olmaya çalışmıştır; ilk olarak iş merkezlerine yakın yerlerde kısa süreli bir kiracılık döneminden sonra, kentin kenar mahallerindeki gecekondu semtine taşınmak, ikinci olarak da kentsel konut yetersizliğinden dolayı kentte göçle birlikte gecekondu satın alarak veya kiralayarak yada gecekondu yaparak kentsel alanda yaşam alanı oluşturmaya çalışmıştır.

Kentsel alanlarda yoğunluğun artmasına paralel olarak, kent hizmetlerinin kısıtlılığı ve gecekondu alanlarındaki yoksulluk, kentsel gelişme içinde kentsel arsaya olan talebi artırmıştır. Doğal olarak bu durum kentsel yaşanabilirlik ile birlikte, dengeli ve sürdürülebilir kentleşmenin sağlanmasını önlemiştir. Bu gelişim kent çevresinde ve içinde kalan ekolojik bağlamlı alanları da ister istemez tehdit eder hale gelmiştir. Nitekim göç nedeni ile Türkiye'deki toprak yitimi %52 ve işsizlik %22 olarak ortaya çıkmıştır (Kıray,1998). Bu gelişmelerin ardından dünyada olduğu gibi Türkiye'de doğal ekolojik yapıyı korumaya yönelik tedbirler alınmaya çalışılmıştır.

4.3.2. Çevre Politikalarında Uygulamadaki Yetersizlikler

1960'lı yıllarda hızlı bir kentleşme sürecine giren Türkiye başta Ankara, İstanbul ve İzmir olmak üzere birçok şehirde gecekondu sorunuyla karşı karşıya kalmıştır. Gecekonduların kentsel çevreye ve kent çevresindeki ekolojik yapıya verdiği zararı önleyebilmek için 775 Sayılı Gecekondu Kanunu çıkarılmıştır.

775 Sayılı Kanunla gecekonduların belirlenmesi, yeni gecekondu yapımının önlenmesi ve mevcut gecekonduların ıslah edilmesine yönelik düzenlemeler

önerilmiştir. Fakat ülkemizdeki bu gelişimden sonraki politikalar ve politikacılar gecekonduları aflarla desteklemiş, sorunu bir çözümsüzlük sürecine sürüklemiştir.

1970'li yıllarda tüm dünyada farkına varılan çevre sorunlarına çözüm önerileri geliştirilmeye başlamıştır. 1972 yılında gerçekleştirilen Stockholm Çevre Konferansıyla çevrenin sürdürülebilirliği adına adımlar atılmıştır. Ayrıca yine aynı tarihte "Dünya Kültürel ve Doğal Mirasın Korunması" (1972) sözleşmesiyle kültürel ve doğal mirasın korunmasına yönelik tedbirler alınmıştır. Türkiye'de bu gelişimlerden etkilenmiş ve 1982 yılında "Dünya Kültürel ve Doğal Mirasın Korunması" sözleşmesini kanun haline getirmiştir ve ayrıca çevre ile ilgili yasal çerçeveleri oluşturmaya başlamıştır.

Türkiye bu gelişmelerin ardından 1983 yılında 2872 Sayılı Çevre Kanununu çıkarmıştır. Çevrenin korunması ve iyileştirilmesi adına bu kanun Kültür ve Tabiat Varlılarını Koruma Kanunu, Boğaziçi Kanunu, Kıyı Kanunu ve Çevresel Etki Değerlendirmesi gibi düzenlemelerle desteklenmiştir. Bu düzenlemelerle, kentsel çevre ve ekolojik çevrenin korunmasına yönelik tedbirler artırılmıştır.

1983 tarihli 2872 Sayılı Kanun 2. maddesinde ekolojik denge terimini insan ve diğer canlıların varlık ve gelişmelerini sürdürebilmeleri için gerekli olan şartların bütünü olarak tanımlandığını görebiliriz.

Çevre sorunlarına karşı alınan tedbirleri artırmak amacıyla 1992 yılında Rio deklarasyonu içinde kentsel sürdürülebilirlik ve insanların doğa ile uyum içerisinde sağlıklı bir hayat yaşamasına dair tedbirler alınmıştır.

Bu anlamda Türkiye'de çevre sorunlarına yönelik çözüm önerileri ve geleceğe yönelik gereken önlemlerin alınabilmesi için çevre politikaları geliştirmiştir, fakat buna rağmen çevre yeterli bir öneme sahip olmamıştır.

Politikadaki tutarlılık politik uygulamalarda başarı getirmemiştir. Çevre Kanunun uygulanmasında ve içeriğinde sürekli yanlışlar yapılmıştır. Hukuki düzenlemelerde uygulayıcılar sürekli değişikliklerle karşı karşıya kalmış ve bu durum uygulayıcılar da adaptasyon zorluğu yaşatmıştır (Görmez, 1997).

Bu gelişmelerin yanı sıra başta kamu kurum ve kuruluşları, toplumun yatırımcı kesimleri çevre konusunda son derece duyarsız davranmıştır. Bu duyarsızlık ülkenin doğal ve tarihi güzelliklerini tahrip etmiştir.

Çevre politikalarında da merkezi politikalar uygulanmaktadır. Bu anlamda merkezi örgütlenme çok iyi yapılmıştır fakat bu uygulamada, yerel yönetimleri etkin ve uygun bir karar alma sürecinden uzaklaştırmaktadır.

Ayrıca ülkemizde yasal çerçevede bir takım eksiklikler ortaya çıkmıştır, örneği 3194 Sayılı Kanunda Çevre Düzeni Planı tanımlanmasına karşın hangi kurum tarafından yapılacağının belirtilmemesi büyük bir sorun yaratmıştır. Daha sonra yargı sistemi tarafından ilgili bakanlık belirlenmiştir.

Ayrıca sanayi alanlarına yer açabilmek adına I. sınıf tarımsal araziler ve ekolojik değeri yüksek alanlar feda edilmiştir. Böylece ekonomik çıkar insanın yaşama hakkının önüne geçirilmiştir. Gelişme ve istihdam adına çevresel değerlerin yok edilmesi yanlışıyla karşı karşıya kalınmıştır.

Sonuç olarak kanunlar uygulanamamakta yada kanun içinde açıklar bulunarak ekolojik dengeyi tahrip edici uygulamalar yapılmaktadır. Fakat çevresel değerlerin son zamanlarda uluslararası önem arz etmesi, Türkiye'yi de Avrupa'ya entegrasyon süreci içerisinde çevre konusunda tekrar düşünme noktasına getirmiştir.

4.4. Türkiye'deki Kentleşme Süreci ve Doğal-Ekolojik Yapı İlişkisinin Sonuçları

Çevre sorunları her ülke için farklılık göstermektedir. Ülkelerin gelişmişlik düzeyleri, doğal ve ekonomik zenginlikleri, nüfus ve eğitim v.b. gibi. Gelişmiş ülkeler sanayileşmenin meydana getirdiği kirlenme ve bozulmaya çare ararken, Türkiye gibi gelişmekte olan ülkeler kalkınma çabalarıyla doğal kaynakların tahribi, hızlı kentleşme ve nüfus artışı ile ilgili sorunlarla boğuşmaktadır.

İnsanın yerleşim alanı kentsel çevredir, doğal ekolojik alan üzerindeki kentleşme etkisi sanayileşmenin ve plansız gelişmenin bir sonucu olarak toplumu gürültü, hava kirliliği ve doğal ekolojik alanın özelliklerini yitirmesiyle karşı karşıya getirmiştir.

Türkiye deki bu kentleşme olgusu zaman içerisinde doğal yaşam alanlarını yok etmeye başlamış ve zamanla insanın sağlıklı yaşamını da tehdit eder duruma gelmiştir. Yaşanabilirlikten uzak ve sürdürülebilirlik göstermeyen bu kentsel yapı kentli toplumunu da doğal yapıdaki yaşama özendirmektedir.

Günümüzde kentsel gelişim süreci doğal yapıyı insan ihtiyaçları önceliği içinde yok olma tehlikesiyle tehdit etmektedir. Sonuç olarak insan doğal çevreyle yaşam alanının arasında dengeyi kurmak zorundadır. Doğal çevrenin yok olması insanoğlunu da yok olma tehlikesiyle karşı karşıya bırakabilir.

Hızlı ve bilinçsiz kentleşme olgusu ekolojik çevreyi bozduğu gibi kentsel çevreyi de yaşanmaz bir alan haline getirmeye başlamıştır. İnsanlar hava kirliliği sonucunda tarımsal arazilerde kalite bozulması, doğal bitki örtüsünün zarar görmesi, solunum yollarında rahatsızlıklar vb. birçok olumsuz durumla karşı karşıya kalmaktadır. Ayrıca bu gelişim su kirliliği sorununu da ortaya çıkarmış, temel yaşam kaynağı olan suyun kullanılabilecek sağlık koşullarından uzaklaşması insanları sağlıksız yaşam koşullarıyla karşı karşıya bırakmıştır. Yine en önemli ekolojik etmenlerden biri olan toprakta kentsel gelişimden payını fazlasıyla almıştır, toprağın verimliliği düşmüş ve verimli araziler sanayileşme ve kentleşmenin temel gelişim alanları olmuştur.

Kentleşmenin bu gelişimi kentsel alan içinde açık ve yeşil alanları bir ihtiyaç haline getirmiştir, bu yaklaşım kentsel modellemelerde kendine yer bulmuş, hukuksal altyapıda yer almış fakat uygulama da her zaman ihmal edilmiştir.

Türkiye içindeki kentleşme ve sanayileşme trendi doğal kaynakları üretim ve kazanç adına tüketmektedir. Fakat bu gelişim için de Türkiye hala kültürel, tarihi ve doğal değerlere sahiptir. Türkiye'de turizm açısından bakıldığında ülkemiz kaynaklarının %80 oranında temiz olduğu görülmektedir [8]. Günümüzde kaybedilen ve kaybedilmeye devam edilen ekolojik alanlarımızı kentleşme, sanayileşme ve ekonomik kazanç adına kaybolmasına engel olmamız ve sürdürülebilirliğini sağlamamız gerekmektedir.

5. AB'YE UYUM SÜRECİNDE KENT ÇEVRE ETKİLEŞİMİ PRENSİPLERİ; ÖRNEK ÇALIŞMA YOZGAT

Çalışmamızın bu aşamasında, "Avrupa Ortak Göstergeleri Projesi" Avrupa kentlerinin sürdürülebilirlik ve yaşanabilirlik düzeyleri hakkında bize yol göstermiştir. Bu çalışma içindeki sürdürülebilirlik ve yaşanabilirlik düzeyleri Avrupa Birliği içindeki kentlerin uygulaması gereken standartları ortaya koymuştur. Örneğin hava kalitesinin Avrupa'daki kentler için standartlara bağlanması, Türkiye ve Türkiye gibi Avrupa Birliği'ne aday ülke kentlerine sürdürülebilirlik ve yaşanabilirlik adına yön çizmiştir.

Avrupa'da ve Türkiye'de kentleşme planlı veya plansız bir şekilde oluşmuştur. Bu oluşum, kentsel gelişmede yakın çevredeki toprakları kentsel alana katarak doğal ekolojik yapıyı bozduğu gibi, yapay bir çevre oluşumu ile doğal yapıya da zarar vermiştir.

Bu gelişim ışığı altında Türkiye'den Yozgat kenti karşılaştırmalı analiz çalışması için seçilmiştir. Avrupa Ortak Göstergeleri içinde küçük boyutta olan kentler 100.000 nüfustan az olarak belirlenmiştir, orta boyuttaki kentler ise 100.000-400.000 nüfus büyüklüğü aralığında olarak belirlemiştir. Büyük boyutta olan kentler ise 400.000'den fazla nüfusa sahip kentler olarak belirlenmiştir. Bu kriterler ışığında Yozgat merkezi kentsel alanının nüfus büyüklüğü (73.930) küçük kentsel alanlar içine girmektedir. Çalışmamız içinde Yozgat ile benzerlikler gösteren Avrupa kentleri ile Yozgat kenti arasındaki sürdürülebilirlik ve yaşanabilirlik düzeyleri ortaya koyulmuştur. Yapılan çalışma Türkiye'deki pek çok kentsel alana uygulanabilir niteliktedir.

Yozgat kentsel alanındaki sürdürülebilirlik ve yaşanabilirlik sorunları Avrupa Birliği içinde uygulanan "Avrupa Ortak Göstergeleri Projesiyle" ortaya koyulacaktır ve Avrupa kentleri ile karşılaştırılacaktır. Ortaya çıkan sonuçlardan Avrupa Birliğine uyum sürecindeki Türkiye kentlerinin ve Yozgat kentinin yapması gerekenler ortaya koyulacaktır. Bu anlamda Yozgat kenti içinde bulunan sürdürülebilirlik sorunları araştırmamız içinde bize yol gösterecek önemli etkenler olarak ön plana çıkmaktadır;

- Yozgat kentsel alanı içindeki ekolojik bağlamlı alan yani Milli Park kentsel baskı altında kalmaktadır.
- Kentsel alandaki nüfus dengesinin artması ve kontrol edilememesi sonucu kentsel gelişim plansız ilerlemektedir.
- Kentsel alandaki kültürel ve doğal kimliğin korunamaması sonucu yaşam kalitesi düşmektedir.
- Kentsel alandaki kültürel, sosyal ve temel hizmetler yeterince sağlanamamaktadır.

Bu etmenler Yozgat kentinin araştırmamız açısından, önemli verilere sahip olduğunu ve kentsel alanın Avrupa'daki kriterler için önemli saptamalar ortaya koyabileceğini göstermektedir.

5.1. Yozgat Yerleşiminde Kentsel Gelişme ve Sürdürülebilirlik Etkileşimi

Yaşanabilirlik kent ve kentlilerin yaşamının geçtiği en küçük ünite olan kentsel mekandan başlamalıdır. Kent ortamının veya kentsel dokunun mekanlardan oluştuğu bilinmektedir. Bu anlamda kentsel mekan içinde yaşanabilirlik ve sürdürülebilirlik sağlanabildiği ölçüde başarılı bir kentleşme yapısı ortaya çıkmaktadır.

Türkiye'de kentsel kimliğin hızla yok edildiği, kentlerin imarlı bölgelerinde arsa sahipleri ile konut alıcılarının arasında gelişen ilişkiler sonucunda; farklı bir kentsel doku tipi karşımıza çıkmaktadır. Burada kentsel yaşam çevresi yoğun, kullanıcıların günlük yaşamlarını ezici, baskı altına alan bir düzen yaratmakta bunun yansımalarının ise kentsel hizmetlerin yetersizliği donatılara erişememe, kentsel mekan standartlarında belirtilen yaşanabilirlik değerlerine uymama şeklinde sorunlar çıkmıştır. Bu sorunlar kentsel yaşanabilirliği etkilediği kadar ekolojik özellikli alanlarla dengeli gelişimi önlemiş, sürdürülebilir bir yapıdan kentsel gelişimi uzaklaştırmıştır.

Avrupa Birliği kentsel mekanının çökmesinin engellenmesi, kentsel sürdürülebilirliğin sağlanabilmesi için önlemler almış ve kentsel yaşanabilirliğin artırılmasına yönelik kentsel gelişimi ekolojiyle uyumlu bir şekilde ele almıştır. Bu anlamda Avrupa'da ortaya çıkan kentsel sürdürülebilirlik göstergeleri, Avrupa'ya entegre olma aşamasındaki Türkiye kentlerine rehber oluşturmaktadır. Bu çalışmamız içinde Türkiye'deki Yozgat kenti örneğinin Avrupa yaşanabilir ve sürdürülebilir kent normlarına uygunluğu ortaya konulacaktır.

5.1.1. Türkiye'deki Kentsel Gelişim Sürecinin Günümüzde Yozgat Örneğindeki Yansıması

Ülkemizde kentleşme hareketleri İkinci Dünya Savaşı'ndan sonra hız kazanmıştır. Kalkınan ülkelerde görüldüğü üzere Türkiye'de de kentleşme olgusu bu bağlamda artmıştır. Yapılan nüfus sayımları bunu açıkça ortaya koymaktadır ki, gelecekte bu oran kırsal alan ile kentsel alan arasındaki oranın yer değiştirerek devam edeceğini göstermektedir. Şöyle ki:

Tablo 5.1. Türkiye'nin Toplam Nüfus İçindeki Kentsel ve Kırsal Nüfus Yapısı

	Kır Nüfusu%	Şehir Nüfusu %	Toplam Nüfus
1927 Nüfus Sayımı	75.50	16.40	13.648.270
1960 Nüfus Sayımı	83.60	24.50	27.754.820
1990 Nüfus Sayımı	41.60	58.40	56.473.035

1997 Nüfus Sayımı	35.00	65.00	62.865.574
2000 Nüfus Sayımı	34.98	65.02	67.844.903

Kaynak: [9]

1927 yılında 13.648.270 kişi olan Türkiye nüfusu, 1960 da 27.754.820 kişiye ve 1990 yılında ise 56.473.035 nüfusa ulaşarak 30 yıllık periyotlarda % 100 nüfus artışları kaydederek geliştiği tablo içinde görülmektedir. Bu nüfus artışı paralelinde hızla kentleşme olgusu oluştuğu DİE'nin Genel Nüfus Sayımından görülmektedir. Ancak kentleşme 1997 ve 2000 yılları nüfus sayımlarına göre ülke nüfusunun aşırı artışı ile değil, kırsal alan nüfusunun azalarak kentsel alan nüfusunun artışıyla ekolojik yapı değişimlerinin gerekçesini oluşturmuştur.

Ülkemizde yaşanan nüfus artışının önemli ölçüde kentsel alana yönelik olması, hızlı kentleşme olgusunun yaşanmasına ve bunun sonucu büyük kentlere yönelik bir hareketi de beraberinde getirmiştir. Bu nedenle Anadolu'da ekonomik sorunlar nedeniyle kasabalara, kasabalardan illere ve illerden büyük kentlere göç olgusu, 1950'li (Şekil 5.1.) yıllardan sonra hızla gelişerek kentlerde sosyo-kültürel ve ekonomik özelliklerin, kentlerin kimliklerinde değişimlere neden olmuştur.

Şekil 5.1. Eski Yozgat Kentsel Alanından Bir Görüntü

Kaynak: [10]

Türkiye'de 1950 / 1990 yılları arasında yaşanan ülke boyutundaki göç olgusunun , Orta Anadolu'da Yozgat ilinin (Şekil 5.2.) sosyo-kültürel-ekonomik yapısının kentsel kimlik değişimine yansıması ve ekonomik yapı ile bu olumsuz etkileşimin ilişkisinin kurulması amaçlanmıştır. Bu bağlamda kentlerdeki hızlı nüfus artışı ve kentleşmenin, planlamanın önüne geçmesi ile kentlerdeki insanca gelişmenin standartlarında oluşan olumsuzluklar belirlenerek, kentsel kimliğin değişkenliğinin Yozgat kentsel alanına yansıması ortaya çıkarılmıştır.

Şekil 5.2. Bugünkü Yozgat Kentsel Alanından Bir Görüntü

Kaynak: [10]

Göç ve kentsel kimlik etkileşimini ekonomik nedenlerle büyük kentlere göç veren Yozgat Kentsel yerleşmesinin, kırsal yerleşmelerden göç almasındaki süreklilik, kent kimliğinde bozulmaların mekana yansıması ile Anadolu Kentlerindeki benzerlikler ve kent ölçeğinin algılanabilir olması önemli ölçüde belirleyici olmuştur. Şekil 5.3.'de görüldüğü üzere kırsal alandan kente olan göç, kırsal alan kültürü sonucu ekolojik çevreye yayılarak, yarı kırsal yarı kentsel bir görünüm oluşturmaktadır.

Şekil 5.3. Yozgat kentindeki plansız gelişmenin oluşturduğu doğal yapı tahribatı-Çamlıktan bir görüntü (Ergen, 2005)

Göç olgusu Yozgat merkezden diğer illere olurken kentli nüfus azalmış ve kırsal alandan Yozgat merkeze artış kaydederek olması sonucu mevcut konutlar yetersiz kalmıştır. Konut talebi karşısında yeni konut alanları plansız bir şekilde gelişmiştir. Bu gelişim sonucu kentin yerleşme alanı büyüyerek doğal çevreye plansız olarak yayılmasıyla, doğal yapının tahribat sorununu yaratmıştır. Plansız gelişim aynı zamanda kalitesiz yapılaşma kent siluetinin bozulması sorunlarını da ortaya çıkarmıştır.

Yozgat kentinin demografik hareketleri içinde ekonomik nedenlerle büyük kentlere göçen nüfus görülmektedir. Bunu ise kırsal alanlardan aldığı göçle kapatmaktadır. Yozgat kentsel alanında nüfusun bu hareketi kent kimliğinde bozulmalara yol açmaktadır. Kentsel mekanda görülen bozulmalar ekolojik bağlamlı alan olan Yozgat Çamlığında da (Milli Park) görülmektedir.

5.1.2. Yozgat Kentsel Alanının Konumu ve Çevresel Veriler

Yozgat kentsel alanında mekânsal yapıyı oluşturan temel öğeler merkez, resmi-idari ve hizmet alanları, eğitim alanları, endüstri alanları, ulaşım kanalları ve en fazla orana sahip olan konut alanlarıdır. Merkezin niteliği, alt bölümleri, tarihsel dinamiği, merkez parçalarının fonksiyonel farklılaşması, geleneksel ve modern merkez uğraşılarının yer seçimleri ile diğer önemli iş alanları olan endüstri ve küçük sanatların yerleşimleri gelecekteki kentsel şekillenmeye de önemli ölçüde ışık tutmaktadır.

Yozgat 34, 5-36, 10 Doğu meridyenleri ile 38, 40-40, 18 kuzey paralelleri arasında yer alır. Yozgat kentinin yüzölçümü 14.037 km²'dir şehir merkezi Soğukoluk tepesi (1647m) ile Nohutlu tepeleri arasında kurulmuştur. Doğusu ve Güneydoğusu Akdağ, Yazırdağı ve Sırcalı dağları ile Batı tarafı ise Çiçekdağı, Aygar Dağı ve Eğri Dağı ile çevrilidir. Yozgat kentsel alanına sınır olan kentler; Kırıkkale, Çorum, Amasya, Kayseri, Kırşehir, Sivas, Tokat ve Nevşehir'dir (Şekil 5.4.).

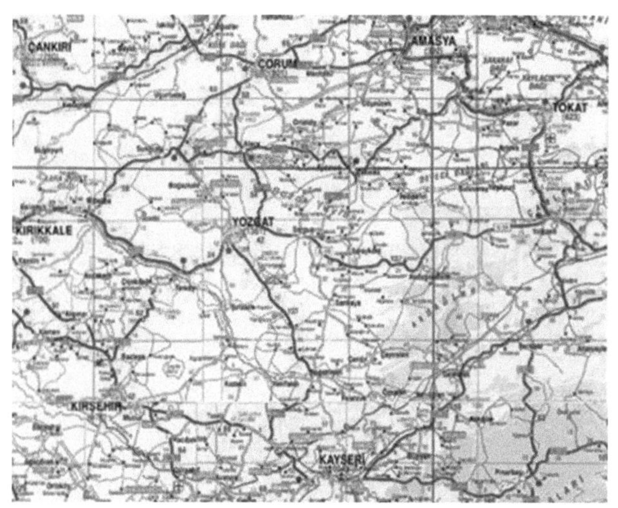

Şekil 5.4. Yozgat Kentinin Ulaşım Ağı Haritası

Kaynak: [11]

Yozgat arazisinin yüzey şekillerini platolar ve yaylalar, dağlar ve tepeler, ovalar olmak üzere 3 ana grup oluşturur. İç Anadolu Bölgesi platolarının Yozgat'ta kalan bölümüne "Bozok Platosu" denir. Yozgat kenti içinden geçen akarsular şunlardır; Çekerek Irmağı, Delice Irmak, Eriöz Suyu, Karacaali Suyu, Beşiközüdür.

Yozgat ilinin %17'sini ormanlık alan oluşturmaktadır, bu oran %26'lık Türkiye genelinin altında kalmaktadır (Kabasolak ve ark., 2002). Bunun en önemli nedenlerinden birisi kentin yıllık yağış miktarının (544mm) yeterli olmamasıdır (Kabasolak ve ark., 2002). Orman sahasının 57443 hektarı Koru Ormanı, 43198 hektar Verimsiz Koru Ormanı, 104815 hektar Verimli Bataklık Ormanı, 52073 hektar Verimsiz Bataklık Ormanından oluşmaktadır (Kabasolak ve ark., 2002).

5.1.3. Yozgat Kentsel Alanında Sürdürülebilirlik ve Çevre

Kentsel şekillenmede sosyal çevrenin önemli öğesi durumundaki doğal ve kültürel mirasın etkisi büyüktür. Bu doğal ve kültürel miras kent karakterini, kent imgesini ve sürdürülebilir bir kent yaşamını ortaya koymaktadır. Kentsel yerleşme alanlarında yer alan ve mekanı belirleyen etmenler dengeli bir gelişim sağlamak zorundadır.

Doğal Çevre ve doğal çevre elemanları olarak tanımlanan kentin yapılaşmış alanlarının yanı sıra yapılaşmamış, doğal elemanlarla çevrili ve birlikte varlığını sürdürdüğü kentte olumlu etkilerinin yadsınamayacak boyutta olduğu kabul edilen (iklimdeki değişiklikler, kentin yer seçimi ve konumuna olan etkisi, kente sunduğu doğallık ve çeşitli etkinlikler ile kullanım düzeyleri v.b.) verilerin bulunması kent ekolojisini olumlu olarak etkilemektedir (Şekil 5.5.).

Şekil 5.5. Yozgat Kentsel Alanının Çamlık Milli Parkına Doğru Gelişimi

Kaynak: [12]

Azgelişmişliğin etkisi ile birlikte kültürel yapı çok farklı şekilde biçimlenmektedir. Kentsel alandaki kullanıcı kimliğinin ve sürdürülebilir bir yapının olumlu veya olumsuz katkılarının kültürel yapıdaki bu farklı şekillenmeye bağlı olarak oluştuğu bilinmektedir. Kuşkusuz, bu durumun yansımaları kullanıcıların nitelikleri (aile yapısı, evlenme biçimleri, dini tutum ve davranışlar, görsel ve yazılı basını kullanma düzeyi ve sıklığı, eğitim durumu, gelir durumu, tüketim biçimleri v.b.) değişik ölçütleri ile kentin tarihsel süreç içindeki yeri, kentin güncel kullanımı, konumu ve önemini ortaya koyan yaşanabilirlik kriterleri bir bütünlük içinde ilişkilendirilerek değerlendirilmelidir.

Bu yaşanabilirlik ve sürdürülebilirlik şekillenmesi içinde Yozgat kentsel alanındaki yeşil alanlar birbirine bağlı bir sistem oluşturamamıştır. Yeşil alanların bu yapılanması kentsel alanın ihtiyaç duyduğu planlı bir yeşil sistemin oluşmasını engellemiştir. Yozgat içinde bulunan Milli Park ve orman alanı gibi geniş yeşil alanlar kentsel gelişimin baskısı altında kalmıştır.

Yozgat içindeki sermaye hareketliliğinin yavaşlığı, kültürel ve sosyal değişimdeki yavaşlık, dışarıya göç verme, kır ile olan sıkı ilişkiler, tarımsal ürün ve buna göre biçimlenen kırsal yapı ve teknolojideki yetersizlikler, kentli gibi davranma yerine kırsal yapının ortaya çıkardığı insan tipi ve davranışlarının kentte de sürüyor olması gibi pek çok değişken bir araya getirildiğinde, bölge içerisinde tarih boyunca çok zengin bir medeniyete ev sahipliği yapmış olan Yozgat kenti açsından durum düşündürücü olmakla beraber karamsar değildir. Çünkü; kentteki devingenliği sağlayacak araçlardan eğitim olanakları ile genç neslin varlığı önemli bir potansiyel teşkil etmektedir. Bu nedenle, başta kamu sektörü olmak üzere özel sektörün bu olanakları kullanarak, planlı bir gelişim içinde yörenin kalkınmasını sağlayıcı, göçü durdurucu, iş olanaklarının yaratıldığı bir çevreyi hazırlayarak Yozgat kentinde sürdürülebilir bir yapının korunmasını sağlamanın en kolay ve hızlı yolu, eğitimli ve kültürel seviyesi yüksek bir kentli tipi ortaya koyarak mümkün olabilir.

Kentsel kimlik öğeleri doğal, beceri ve insan eliyle yapılmış çevreden kaynaklanmaktadır. Özellikle, sosyal çevrenin en önemli öğesi durumundaki kültürün etkisi çok büyüktür. Kültür kent kimliğinin, kent karakterlerini ve kent imgesini belirleyerek mekana yansıtır (Şekil 5.6.). Mekana yansıyan bu kültür birikimi doğal yapıyla ve yaşanabilirlik düzeyini artırarak daha sürdürülebilir bir yapıyı ortaya koymaktadır.

Şekil 5.6. Yozgat kent merkezinden bir görünüm (Tol çarşısı-Ergen, 2004)

İnsan eli ile yapılmış çevre; kuşkusuz, doğal çevrenin insanın kullanımına (rahatlık, konfor, yaşanabilirlik, v.b.) estetik ölçütlere uygun bir şekilde planlanarak, tasarlanması ve yapılanmış bir çevre haline dönüştürülmesi, kısacası yaşam kalitesinin yüksek olduğu bir çevrenin hazırlanması önemlidir. Böylelikle, yukarıda sıraladığımız ve önemini vurguladığımız her bir değişkene bağlı olarak, mimar, şehir plancısı ve kent tasarımcısı gibi farklı fakat birbirleri ile çok yakın teknik uzmanlarca sırası ile bir kentin biçimlenmesi, kente uygun rollerin verilmesi, kentte yaratılan ekonomik değerin yine kamu yararı kavramına koşut kent içinde eşit ve dengeli dağıtılarak, paylaşılması, yaşam kalitesini belirleyen ölçütlerin yerine gelmesini sağlayacak açık alan kullanımları, peyzaj elemanları, kentsel mobilyalar ile iç mekan donatılarının bütüncül bir şekilde ele alınarak tamamlanması ile olanaklıdır.

Günümüzde kentin ekonomik yapısı, il sınırları içinde tarım ve hayvancılığa dayanırken, Yozgat kent merkezinde hizmet sektörü ağırlıklı iş istihdam olgusu ön plandadır. Bu gelişim 1950'li yıllara kadar kır kent arası bir gelişme eğilimi gösterirken, 1950 den sonra ki Türkiye'deki kentleşme olgusu paralelinde tarım toprakları kentsel topraklara dönüşerek köylerden aşırı göç almıştır. Bu bağlamda 1960-1970 arasındaki kentsel gelişim ekolojik yapıyı bozarak sorunsal bir boyuta dönüşmüştür. Dolayısıyla kontrollü ilk imar çalışmaları da böylece 1976 yılında onanan imar planı ile başlamıştır.

Planlama dışı nüfus ve kentleşme hareketleri kentsel alan içindeki yaşam kalitesinin ve sürdürülebilirliğin yok olması sürecini de beraberinde getirmiştir. Yozgat kentsel alanında ki bu nüfus hareketleri genellikle kırsal alandan kent merkezine doğru olmaktadır. Bu süreç Yozgat kentsel alanında 1960 sonrası hareketlenmiş ve nüfus sürekli yer değişim olgusu ile kentteki yaşanabilirliği olumsuz olarak etkilemiştir.

Bu durumda 30 yıllık zaman diliminde Yozgat kentinin tarihi, sosyal, kültürel, ekonomik yapıda olan değişimdeki süreklilik mekana da yansıyarak kent içinde yapılaşmada yığılma, boşalma ve gecekondulaşmaya yönelik bir kentleşme olgusuna yer vermiştir (Şekil 5.7.). Bu sorunsal boyutta kentin her planlama aşamasında planlama ve uygulamada kentsel yaşanabilirlik ön planda tutulması gerekmektedir.

Şekil 5.7. Yozgat Kentsel Gelişiminin Genel Görüntüsü

Kaynak: [13]

Daha sonraları kentin büyümesine dayalı olan bu planlı müdahale, kontrolsüz olan yerleşmeleri içerecek biçimde 1994 yılında İmar Planı ile kontrole alınmıştır. Ancak kentin ekonomik yapısı, hizmet sektörü dışında gelişme gösteremediği için kent aşırı göç vermiştir. Üniversite alt yapısını oluşturan Fakülteler ve yüksek okullar açılması ile, az oranda tekrar hizmet sektörü ile kentsel toprak alanları tekrar genişleyerek 2000'li yıllarda ki son şeklini almıştır.

Yozgat kentsel yerleşme alanına kırsal alandan olan göçün kısa sürede Yozgat' tan büyük kentlere geçişin, kentsel yaşanabilirlik değerlerinin kaybına neden oluşu göze çarpmaktadır. Kentleşme olgusunda nüfus yapısındaki değişimin, yaşam mekanına yansıması ve bu yansımanın nüfus yapısındaki sürekli olan değişimin kentsel yaşam kalitesini olumsuz etkilemesi örneğimiz Yozgat'ta da ortaya çıkmaktadır.

Bu gün için Yozgat kentsel alanı 2000 yılı onaylı Revizyon İmar Planına göre 2020 yılı için 130.000 nüfusa göre planlanmış olmasına karşın, kentsel toprakların %55 oranında kullanıldığı bir gerçektir. Nüfus ise 72.000 olmasının yanı sıra hizmet sektörünün iş istihdam olgusunu oluşturan üniversite yapısı ile bir artış kaydetmektedir. Genelde Yozgat kentsel alanında kentli nüfus göç verirken, kırdan kente göç alarak kentsel nüfus yapılanması oluşmaktadır. Sonuçta Yozgat kentsel alanı içindeki kontrolsüz gelişim doğal yapıya etki ederek geriye dönüşümü olmayan bir tahribat ortaya koymaktadır.

5.2. AB'de Kentsel/Ekolojik Sürdürülebilirlik İçin Avrupa Ortak Göstergeleri Projesi

Avrupa'da kentsel sürdürülebilirlik, kentsel yaşanabilirlik ölçütleri dengeli kentleşmenin ön koşulu olarak kabul edilmiştir. Kentsel gelişim sürdürülebilir bir yapı içinde ekolojiyle dengeli olarak gelişmelidir. Avrupa'da kentler iyi yaşam kalitesine sahip, sürdürülebilir ve kentsel yaşamda tüm toplumun katılımının sağlanabildiği bir yapıyı hedeflemektedir. Avrupa kentsel sorunları kentsel sürdürülebilirliğin ortak göstergelerini, çözüm yolu olarak kendine seçmiştir.

Avrupa'nın başlıca kentsel sorunları şunlardır (Ambiente Italia Research Institute, 2003); Sosyal problemler, işsizlik, çok sayıdaki düşük gelirli nüfus, çok sayıdaki niteliksiz genç nüfus ve işsiz genç nüfus, suçlardaki artış; çevresel zararlar, hava, su, gürültü kirliliği ve atık problemleri; kentsel alanlarda fonksiyonların kaybolması ve kentsel yayılma; kentlerde artan özel ulaşım, kentlerdeki çevre ve ulaşılabilirlik üzerine negatif etki; kentsel bölgelerdeki fonksiyonlarla kent planlama arasındaki koordinasyon yoksunluğudur. Avrupa bu sorunlara çözüm yolu bulabilmek adına kentsel ve ekolojik sürdürülebilirlik için Avrupa Ortak Göstergeleri projesini hazırlamıştır.

Çalışmamızın da altyapısını oluşturan Avrupa Ortak Göstergeleri projesi finanssal kaynağı Avrupa Komisyonu, İtalya Çevre Bakanlığı, İtalya Ulusal Çevre Koruma Ajansı tarafından sağlanmıştır.

Projenin geliştirilmesinde birçok önemli kuruluş rol oynamıştır (Ambiente Italia Research Institute, 2003);

- Uzman grup kentsel çevre konusu üzerinden seçilmiştir (1999'da Sürdürülebilir Göstergeler Çalışma Grubu tarafından kurulmuştur).
- 1999'da Sürdürülebilir Göstergeler Çalışma Grubunun üyeleri ve başkanı Avrupa Sürdürülebilir Kentler ağının da üyeleridir (bu çalışma Geri Dönüşüm için Kentler ve Bölgeler Kuruluşu, İklim Anlaşması, Avrupa Belediyeler ve Bölgeler Konseyi, Avrupa Kentleri, Dünya Sağlık Örgütü ve İtalya 21 Ağı tarafından desteklenmiştir).
- Avrupa Sürdürülebilir Kentler ve Kasabalar Kampanyası, Brüksel Ofisi
- Diğer Ağlar ve Araştırma Merkezleri (Doğu ve Merkez Avrupa için Bölgesel Çevre Merkezi gibi)
- Avrupa Birliği Enstitüleri
- Ulusal Enstitüler
- Yerel Hükümet Kuruluşları gibi

Bu çalışmanın amacı Avrupa kentleri için sürdürülebilirlik göstergeleri ve gelecek için kriterler belirlemektir. Ayrıca bu çalışmayla Avrupa kentleri arasındaki uyumun ne derece başarılabildiği ve nasıl bir sürdürülebilir kentsel yapı oluşumu ortaya konulması gerektiği saptanmıştır.

Avrupa Ortak Göstergelerine katılan belediye sayısı 144'dür fakat şu ana kadar bilgi elde edilebilen kent sayısı 42'dir 15.249.751 kişiden bilgi toplanmıştır (Ambiente Italia Research Institute, 2003). Avrupa Ortak Göstergeleri için gösterge ölçümleri hala devam etmektedir. Bu 42 kent toplam oranın %29'dur, bu kentlerin 21 tanesi İspanya ve İtalya'dandır, 1 tanesi Portekiz'dendir, 11 tanesi Danimarka, İsveç, Finlandiya, Norveç, Hollanda'dandır ve 4 tanesi İngiltere'dendir. Ayrıca Doğu Avrupa'dan da 5 kent Bulgaristan, Macaristan, Polonya, Slovenya ve Ukrayna'dan bilgi elde edilen kentler olarak göze çarpmaktadır. Avrupa Ortak Göstergelerine katılan kentlerde yaşayan nüfusun %60'ı güneyde, %32'si kuzeyde ve İngiltere'de, %8'i Doğu da yaşamaktadır (Ambiente Italia Research Institute, 2003).

Tablo 5.2. Avrupa Ortak Göstergeleri Projesine Katılan Kentler

KENTLER	NÜFUS
Zaragoza (İspanya)	**604.631**
Ferrara (İtalya)	**131.734**
Vitoria-Gasteiz (İspanya)	**217.358**
Parma (İtalya)	**168.717**
A Coruna (İspanya)	**1.107.708**
Modena (İtalya)	**175.442**
Nord Milano (4 Belediye, İtalya)	**233.143**
Ancona (İtalya)	**100.410**
Barselona (İspanya)	**1.496.266**
Diputacion Foral de Bizkaia (111 belediye ve eyalet konseyi, İspanya)	**1.132.723**
Provincia di Torino (315 belediye, İtalya)	**2.214.934**
Reggio Emilia (İtalya)	**141.383**
Viladecans (İspanya)	**58.562**
Pamplona (İspanya)	**182.666**
Catania (İtalya)	**306.464**
Acqui-Terme (İtalya)	**20.043**
Pavia (İtalya)	**71.074**

Verbania (İtalya)	**30.079**
Vilanova i la Geltru (İspanya)	**52.389**
Burgos (İspanya)	**168.155**
Lizbon (Portekiz)	**565.000**
Mantova (İtalya)	**46.372**
Oslo (Norveç)	**508.726**
Bristol (İngiltere)	**380.600**
Tampere (Finlandiya)	**195.468**
Stockholm (İsveç)	**743.703**
Birmingham (İngiltere)	**1.017.300**
Aarhus (Danimarka)	**286.858**
Den Haag (Hollanda)	**441.094**
Pori (Finlandiya)	**76.253**
Turku (Finlandiya)	**172.000**
Haemeenlinna (Finlandiya)	**46.108**
Malmoe (İsveç)	**256.771**
Helsinborg (İsveç)	**118.510**
hVaxjo (İsveç)	**73.770**
Lambeth (Londra Borough, İngiltere)	**275.800**
Southwark (Londra Borough, İngiltere)	**238.700**
Blagoevgrad (Bulgaristan)	**78.818**
Maribor (Slovenya)	**115.532**
Nkolaev (Ukrayna)	**512.300**
Gdansk (Polonya)	**457.937**
Aba (Macaristan)	**4.230**

Kaynak: Ambiente Italia Research Institute, 2003

Avrupa Ortak Göstergeleri için seçilen göstergeler sınırlı sayıdaki gösterge başlıklarını temel almıştır, bu göstergeler mevcut yerel, ulusal ve sektörel göstergelerin bütünleşmesiyle seçilmiştir. Bu çalışma içinde Avrupa Stratejilerinin temel önceliği olan kentsel tasarım, sürdürülebilir arazi kullanımı, konut ve kentsel çevre ile ilgili konulara öncelik verilmiştir (Ambiente Italia Research Institute, 2003).

Ayrıca bu projenin sonucunda Avrupa kentleri yaşam kalitesinin daha iyi ve daha sağlıklı olmasını özel ölçümlerle artırmayı, çevresel kaynakların daha sürdürülebilir yönetimle artırılmasını, kentsel kalite ve kentleşme amacıyla sınırlı arazi kullanımının sağlanması için özel ölçümlerin yapılması ve vatandaşların memnuniyet derecesinin diğer bir ifadeyle yaşanabilirlik seviyesine yönelik ölçümlerin artırılmasını hedef almıştır (Ambiente Italia Research Institute, 2003).

Bu projeye temel olan anlaşma, direktif ve uygulamalar daha önceden de belirttiğimiz Avrupa Birliği'nin gelişimine katkı da bulunan Birleşmiş Milletler Rio Zirvesi ve Johannesburg'dur. Kentsel aktivitelerin ölçülebilirliği için izlenen yol Yerel Gündem 21'dir. 1994'deki Aalborg İmtiyazıyla da Yerel Gündem 21'in Avrupa'daki uygulaması artmıştır. Sürdürülebilir kent sistemlerinin oluşturulmasında önemli bir adım atılmış ve sürdürülebilir kent sistemlerinin göstergelerini ortaya koyulmasına yardımcı olmuştur. Ayrıca Avrupa Sürdürülebilir Kentler Raporu sürdürülebilirliğe doğru ölçüm işlemlerinin kullanılan göstergelerle artışını sağlamış, buna ek olarak da sürdürülebilir yaşam tarzı seçeneklerinin ve göstergelerinin sosyal zenginlikle fiziksel sürdürülebilirliğin uzlaşımı içinde geliştirilmesine çalışmıştır.

Sürdürülebilirliğin ilerleyişi ve ölçümü üzerinde değerlendirme odakları uluslararası ölçekte gelişmiştir, 1992'den sonra sürdürülebilirlik Avrupa ölçeğinde de gelişimini sürdürmüştür. Sürdürülebilirlik bazı çabalar sonucu yerel ölçek bakış açısıyla geliştirilmiştir (Ambiente Italia Research Institute, 2003). Bu gelişme ile birlikte Avrupa Ortak Göstergelerinin oluşumuna da katkıda bulunan kuruluşlar ve gruplar aşağıda belirtilmiştir;

- Bazı Avrupa enstitüleri kentsel çevre sorunları üzerine bilgi toplamış ve tanımlamalar yapmışlardır (Avrupa Çevre Ajansı, Avrupa Çevre Ajansı içinde gerçekleştirilen Çevresel Göstergeler ve Kentsel Denetim).
- Yerel sürdürülebilirlik için göstergeler AB'nin parasal araştırmaları içindeki fikir tanımlamaları, metot tanımlamaları ve bazı araştırmaların yerel uygulamalarındaki başarılı ve başarısız yönlerinin analizleri yapılmıştır (5. araştırma programları altında yapılmıştır).

- Bazı bölgesel/ulusal düzeyde enstitüler, NGO'lar yada yerel otorite grupları kentsel/yerel özelliklerin temsil edildiği göstergelerin oluşturulması için somut olarak tanımlamalar yapmıştır.
- Bazı Avrupa ağları bilgi tanımlamaları yapmıştır yada kentler kendi deneyimlerini diğer kentlerle paylaşmışlardır.

Avrupa Komisyonu, Avrupa Birliği Sürdürülebilir Gelişim Stratejisi ve VI. Çevresel Eylem Programlarını geliştirmiştir. Her iki doküman da öncelikli konu olarak kentsel çevre üzerinde durmuştur. Kentsel sürdürülebilirlik üzerine tematik strateji VI. Çevresel Eylem Programı altında geliştirilmiş bir stratejidir. VI. Çevresel Eylem Programında takip edilen konular Kentsel Çevre Üzerindeki Tematik Strateji için yapı taşı oluşturmaktadır. Bu konular (Ambiente Italia Research Institute, 2003);

- Yerel Gündem 21'in ilerlemesi
- Ulaşım ve GSMH çiftinin büyümesi
- Kamusal ulaşımı, raylı ulaşımı, yürüyüş alanlarını artırmak
- Düşük emisyonlu araçların kullanımını yaygınlaştırmak olarak tanımlanmaktadır.

Avrupa Ortak Göstergeleri projesi AB'nin sürdürülebilir kentleşme, kentsel çevre gelişimine önemli katkılar sağlamıştır. Bu projeyle kentsel yaşamın tüm yönlerine katılımcılığın sağlanması ve tüm vatandaşların yaşam kalitesinin artırılmasına yönelik çalışmalar yapılmasına yardımcı olunmuştur. Ayrıca bu projeyle sürdürülebilir, yaratıcı ve başarılı bir kentleşme sağlanmak hedefi ortaya koyulmuştur.

Avrupa Ortak Göstergeleri için Kentsel Çevre üzerine çalışma grupları oluşturulmuştur, bu çalışma grupları AB'nde sürdürülebilir kentsel gelişimin sağlanmasına ve çevrenin geliştirilmesi yönelik araştırmalar yapmıştır. Bu araştırmalar aşağıdaki konular içinde şekillenmiştir (Ambiente Italia Research Institute, 2003);

- Sürdürülebilir Kentsel Ulaşım
- Sürdürülebilir Kentsel Tasarım-Arazi kullanım, Yeniden canlandırmak
- Sürdürülebilir Kentsel Yapı
- Sürdürülebilir Kentsel Yönetim
- Kentsel alanların kalitesi ve çevresel etkilerin maksimize edilmesi
- Kentsel alanların desteklenen doğal alanlar ve insan sağlığı üzerine etkilerinin hafifletilmesi
- Kentleşmenin geniş etkileri ve yönetim işlemlerinin stratejinin belirlenmesi

Bu projenin ortaya koyduğu sürdürülebilirlik kriterleri Avrupa kentsel gelişimine yön çizmekle kalmamış gelecekte üye olacak ülkeler için de prensipler ortaya koymuştur. Avrupa'nın bu kentsel ve kent çevresi sorunlarına karşı kentsel sürdürülebilirlik ve ekolojik sürdürülebilirlik göstergeleri şunlardır;

Göstergelerin seçiminin temeli sürdürülebilirlikle ilişkili olarak aşağıdaki gibi alınmıştır (Ambiente Italia Research Institute, 2003);

1-Eşitlik ve Sosyal İçerik- Tüm temel hizmetlere uygun ve zarar görmeden ulaşabilmek mesela eğitim, iş, enerji, sağlık, konut, ulaşım gibi.

2-Yerel Yönetim/Yetki Verilmesi/ Demokrasi- Yerel planlamada ve karar verme süreçlerinde yerel topluluğun tüm ilgi gruplarının katılımı.

3-Yerel/Küresel İlişki- Yerel toplantılarda üretimden tüketime ihtiyaçların sınırlandırılması ve toplantılarda ihmal edilen daha sürdürülebilir yolların kullanılmasına ihtiyaç duyulmaktadır.

4-Yerel Ekonomi- Yerel özellikler, mevcut iş imkanlarıyla ve diğer servislerle olan uyum aranacaktır ve doğal kaynaklar ve çevre üzerinde minimum tehdit yaratan bir yol kullanılmak zorundadır.

5- Çevresel Koruma- Eko-sistem yaklaşımına adaptasyon, doğal kaynakların ve arazinin minimum kullanımı, atık ve emisyon kirlenmesinin önlenmesi, bio-çeşitliliğin artırılması.

6- Kültürel Miras/Konut Çevresindeki Kalite- Tarihin, kültürel ve mimari değerin rehabilitasyonu, muhafazası ve korunması mesela konut içlerinin, abidelerin, olayların gibi ve konutların ve alanların fonksiyonelliği ve çekiciliğinin korunması ve artırılması.

Tablo 5.3.Yerel Sürdürülebilirlik Profiline Doğru Avrupa Ortak Göstergeleri

YEREL SÜRDÜRÜLEBİLRİLİK PROFİLİNE DOĞRU AVRUPA ORTAK GÖSTERGELERİ		**PERNSİPLER n**					
n°	KONULAR/GÖSTERGELER	**1**	**2**	**3**	**4**	**5**	**6**
1	TOPLUM MEMNUNİYETİ	√	√		√	√	√
2	KÜRESEL İKLİM DEĞİŞİKLİĞİNE YEREL KATKILAR	√		√	√	√	
3	YEREL HAREKETLİLİK VE YOLCU ULAŞIMI	√		√	√	√	√
4	YEREL HALKIN AÇIK ALANLARI KULLANIMI	√		√		√	√
5	HAVA KALİTESİ	√				√	√
6	ÇOÇUKLARIN OKULA OLAN ULAŞIMI	√		√	√	√	
7	YEREL OTORİTE VE YEREL TİCARETİN SÜRDÜRÜLEBİLİR YÖNETİMİ			√	√	√	
8	GÜRÜLTÜ KİRLİLİĞİ	√				√	√
9	SÜRDÜRÜLEBİLİR ARAZİ KULLANIMI	√		√		√	√
10	ÜRÜN ARTIRMININ SÜRDÜRÜLEBİLİRLİĞİ	√		√	√	√	

Kaynak: Ambiente Italia Research Institute, 2003

Tablo 5.3. de görülen yerel sürdürülebilirlik göstergelerinden konumuzla alakalı olarak yerel toplumların ve vatandaşlarının yaşam alanlarındaki memnuniyeti, küresel iklim değişikliğine yerel katkılar, yerel halkın açık alanları ve hizmetleri, hava kalitesi, gürültü kirliliği ve sürdürülebilir arazi kullanımı açısından Avrupa'da düzeyindeki normlarla, Türkiye'de Yozgat kenti örneği karşılaştırılarak incelenip sonuçlar ortaya konulacaktır. Sonuç olarak kentsel gelişimde ve ekolojik gelişimde diğer faktörlerle dengeli ve sürdürülebilir bir gelişim beraber düşünülmek zorundadır.

Projenin başlangıcından beri göstergeler temelden yukarıya doğru geliştirilmiştir, mevcut göstergeler tespit edilirken sağlanan sinerjiler ve temel aktörlerin yöntemi yerel otoriteler için gereklidir. Bunlar göstermektedir ki, değerler sistemi belediyelerin gerçekte ihtiyaç duyduğu anlayışı temel almaktadır ve diğer gerçekleştirilen yönetişim aşamalarından daha fazla köprü görevi görerek politik hedeflerin başarılabilirliğini sağlamaktadır.

Diğer taraftan ECI AB'nin güncel politik perspektifi içindeki gerekli göstergeleri gerçekleştirmek zorundadır. Bu göstergeler toplumsal politikalara yaklaşımı olduğu kadar, entegrasyonun da geliştirilmesi niyetindedirler. Diğer taraftan göstergeler yerelliğin, yerel değerlerin tahsis edilmesini ve yerellik ilkesinin bilgi olarak hazırlanmasını sağlamak amacındadır.

Bu durumda göstergelere nüfuz eden 6 Sürdürülebilirlik Prensibi seçilmiştir. Bir göstergenin kuruluşunda bu 6 sürdürülebilir prensibinden en az 3 tanesini sağlaması gerekmektedir (=entegrasyon gereksinimi). 1000 gösterge için genel kriter listesine ve gereksinimlere karşı analizler yapılmıştır. En önemli göstergeler sistemin oluşturulmasında kaynaklardan esinlenmek ve yeni bir sistem yaratılmak için yapısal bloklar oluşturulmasına hizmet edilmiştir.

Sonuçta çok geniş tartışmalar sonucu kasabalar ve kentler için 10 yaygın konu/gösterge listesi üzerinde anlaşmaya varılmıştır (proje web sayfasında http://sustainable-cities.org/sub12a.html bu işlemlerle ilgili tüm ürün ve dokümanlar saklanmaktadır). Liste içindeki göstergeler, Sürdürülebilir Göstergeler üzerindeki

Çalışma Grubu tarafından analiz edilmiştir ve çeşitli tartışmalarla Sürdürülebilir Göstergeler Üzerindeki Çalışma Grubunun nasıl çalışacağı kararlaştırılmıştır. Aşama aşama uzun bir listeden seçim yapılmıştır 18 konu 100 den fazla alt göstergeler, ilk teklifle 18 konu 30 alt göstergeye ve en sonunda da 10 konu/göstergeye final teklifi olarak ulaştırılmıştır).

5.2.1. Araştırmanın Yöntem ve Materyali

Çalışmadaki anket soruları, Avrupa Ortak Göstergelerinde uygulanan anket sorularından oluşturulmuştur. Aynı anket çalışması Yozgat kentsel alanında uygulanarak Avrupa kentleri ile Yozgat'ın karşılaştırılmasına gidilmiştir.

Yozgat kenti için uyguladığımız anketin güven aralığı % 95 güvenilirlik için 1.609'dur. Uyguladığımız anket, aile sayısı oranına göre 700'dür ve DİE verilerine göre Yozgat'ta ortalama aile büyüklüğü 5 kişidir kısaca uyguladığımız anket toplam olarak 3.500 kişiye uygulanmıştır yani ortalama olarak %95 güven aralığı için gerekli sayı elde edilmiştir. Yozgat kenti içinde bulunan 20 mahalleye yaklaşık homojen olarak uygulanmıştır.

Yozgat kentsel alanında yapılan anket çalışması yüz yüze (200 kişi) ve dağıtılarak yapılmıştır. Anket yapılırken karşılaşılan zorluklar arasında anket sorularına cevap verilmek istenmemesi ve insanların sorulara karşı temkinli oluşu gösterilebilir. Bunu yanında bazı anketörlerin verdiği olumlu görüşler ve yorumlar yaptığımız araştırmaya yardımcı olmuştur.

Tablo 5.4. Ankete Katılanların Yaş Aralıkları ve Cinsiyeti

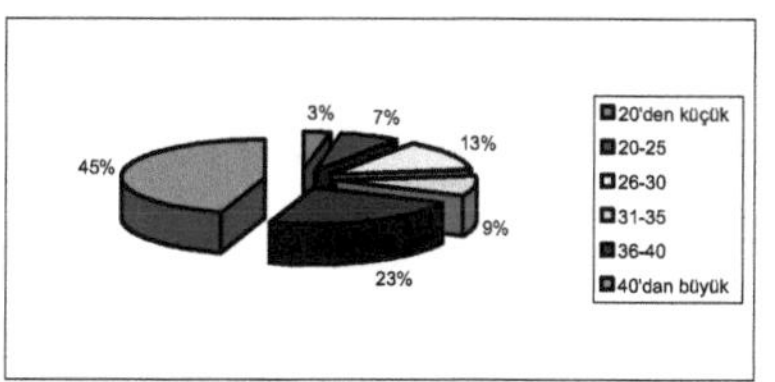

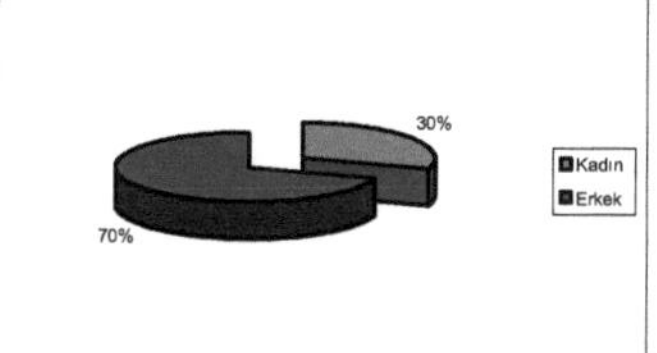

Uygulamış bulunduğumuza ankete yüzde olarak % 70 erkek ve % 30 kadın katılmıştır, ayrıca ankete katılanların %45' ü 40 yaşından büyüktür, % 23'ü 36-40 yaş arasında toplanmıştır, %9 31-35 yaş grubu, % 13 ise 26-30 yaş grubu ankete katılım sağlamıştır.

Tablo 5.5. Ankete Katılanların Eğitim ve İş Durumları

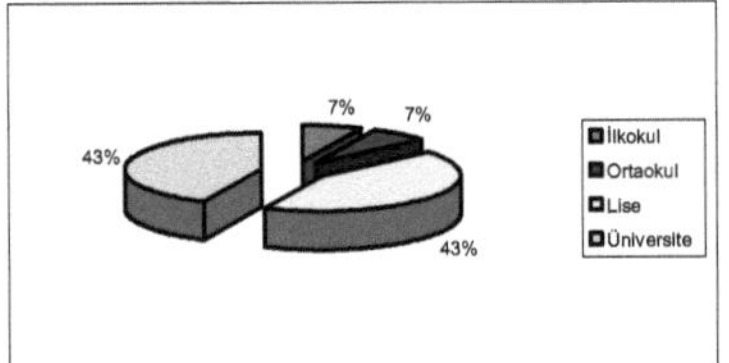

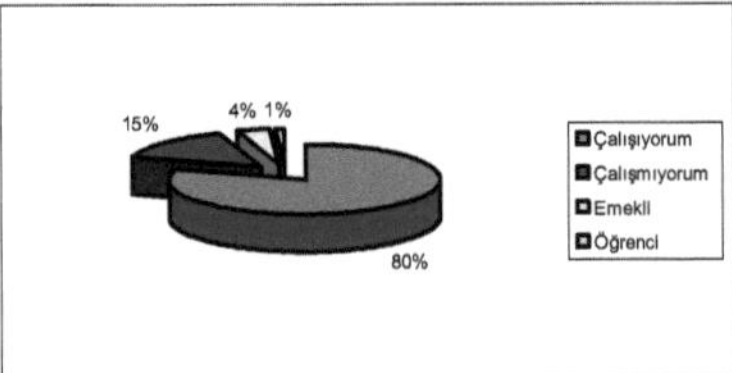

Ankete katılanların %43 Lise ve %43 ise Üniversite mezunudur ve % 80 oranında çalışan kesim, %15 çalışmayan ve %4 oranında emekli olanlar ankete katılımı sağlamıştır. Yapmış bulunduğumuz anket Avrupa Ortak Göstergeleri içinde sağlanan anket verilerine paralel olarak elde edilmiştir, Avrupa Birliğine entegrasyon sürecinde, Türkiye'de Yozgat kenti örneği içinde yapılması gerekenler irdelenmiştir ve önemli sorunlar saptanmıştır.

5.2.2. AB Kentlerindeki Toplum Memnuniyetinin Yozgat Örneğiyle Karşılaştırılması

Yaşanabilirlik, yaşamın her anında, toplumsal, ekonomik, çevresel, estetik ve kurumsal göstergeleri ile çok boyutluluğu tanımlamaya çalışan bir yaşam niteliğinin sağlanabilmesidir. Diğer bir anlamda halkın yaşam kalitesinin sağlanması amacı ile çok boyutlu bakış açısıyla halk sağlığının korunduğu emniyetin ve güvenlik koşullarının sağlandığı toplumsal bütünleşme çeşitlilik ve kültürel kimliğin geliştirildiği doğal tarihi, dini ve kültürel bakımdan anlamlı yapı ve bölgelerinin uygun biçimde korunduğu insan yerleşmelerinin tasarım, yönetim ve bakım süreçleri halkın daha yaşanabilir mekanlara olan gereksinimleriyle yönlendirilmektedir.

Avrupa Birliği bu anlamda toplum memnuniyetini ön plana çıkarmıştır, Avrupa Birliği içinde sağlanan yaşam standardının toplum memnuniyetiyle doğru orantılı olması gerekmektedir. Bu çerçeve içinde çalışmamızın bu kısmında kentsel sürdürülebilirlik için Avrupa ortak göstergeleri içinde önemli yer tutan toplum memnuniyeti incelenmiştir.

Toplum memnuniyetinin arandığı çeşitli konular (Ambiente Italia Research Institute, 2003);

- Konut standardı, konutun mevcudiyeti ve yer seçimi
- İş fırsatları
- Doğal çevrenin miktarı ve kalitesi
- Konut çevresinin kalitesi
- Sosyal ve sağlık hizmetlerinin seviyesi
- Kültürel, rekreasyonel ve boş vakitlerin geçirilebileceği hizmetlerin seviyesi
- Okulların standardı
- Kamu ulaşım hizmetlerinin seviyesi
- Karar yapımı işlemi ve yerel planlamaya katılım fırsatları
- Kişisel güvenlik deneyimlerinin seviyesi

şeklinde sıralanmaktadır.

Tablo 5.6. AB Kentlerinde ve Yozgat Kentinde Toplumun Memnuniyet Düzeyi

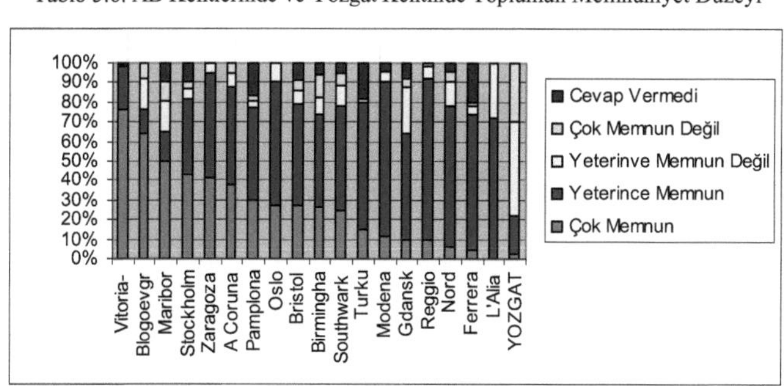

İlk analiz sonucunda 3 kentin %50'den fazlasının çok memnun olduğu görülmektedir. Bu kentler %76 ile Vitoria-Gasteiz (İspanya), %64 ile Blagoevgrad (Bulgaristan) ve %50 ile Maribor (Slovenya) olduğu görülmektedir. Çok memnun nüfus yüzdeleri orta büyüklükteki kentler için Gdansk hariç kesinlikle %25'in altında görünmektedir. Çünkü Gdansk'da bu orandan çok daha düşük çıkmaktadır (Ambiente Italia Research Institute, 2003).

Eğer çok memnun ve oldukça memnun olanların oranlarını incelersek durumun tamamıyla değişeceğini göreceğiz. İlk olarak oran %50'den çok daha fazladır genel olarak %98 ile %66 arasında sıralanmaktadır. En yüksek değerler güney Avrupa kentlerinde görülmektedir. Çok memnun olan vatandaşların en yüksek oranı iki Doğu Avrupa kentinde görülmektedir (Blagoevgrad ve Maribor) (Ambiente Italia Research Institute, 2003).

Yozgat kenti için elde ettiğimiz sonuçlar arasında memnuniyetsizlik oranı %78 olarak ortaya çıkmıştır. Bu oran Avrupa kentleri içinde görülen en düşük memnuniyetsizlik oranıdır, bu kapsamda Yozgat kenti ve Türkiye'de Yozgat kenti ile benzeşim gösteren kentlerin kentsel yaşanabilirliğini artırmaya yönelik tedbirler alması gerekmektedir.

Tablo 5.7. Yozgat Kenti İçinde Kentsel Memnuniyeti Artıracağı Düşünülen Konular

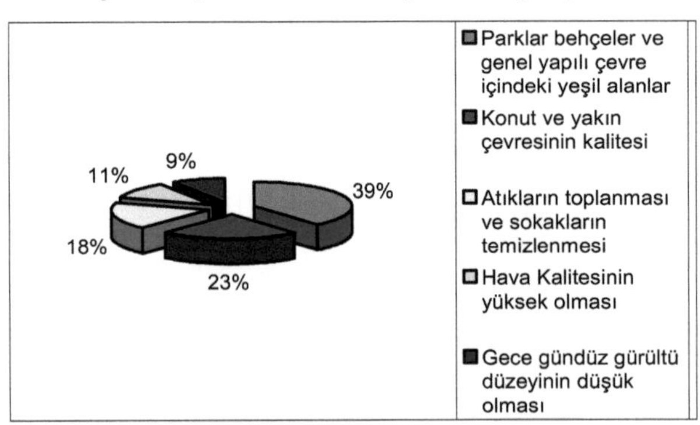

Yapmış bulunduğumuz anket içinde insanların Yozgat kenti içinde eksik gördüğü ve Yozgat kent yaşamını ve kentsel memnuniyeti artıracak en önemli konu olarak parklar, bahçeler ve genel yapılı çevre içindeki yeşil alanları % 39 oranıyla ortaya koymuştur. Ek olarak %23 ile konut ve yakın çevresinin kaliteli olması gerektiği belirtilmiştir.

Tablo 5.8. Yozgat Kenti İçinde Yaşama Sebebi

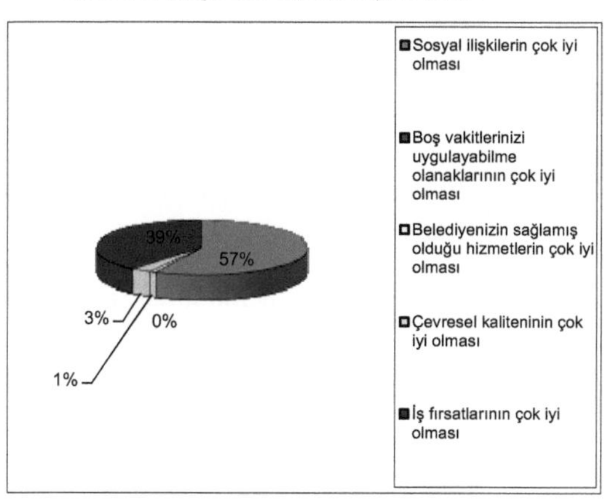

Yozgat kenti içinde insanların yaşamayı seçmesinin en büyük nedenleri içinde sosyal ilişkilerin çok iyi olması %57 oranında ortaya çıkmıştır yani Yozgat kenti içinde yaşayan insanların akraba ve yakın çevresi insanları kente bağlayan en önemli etken olmaktadır. Yozgat kenti hizmetler sektörünün gelişmiş olması insanları bu kentte yaşamaya iten bir diğer önemli etkenlerden birisi olarak iş fırsatlarını ön plana %39 oranıyla çıkarmıştır.

Tablo 5.9. Avrupa Birliğinde Uygulanan Anket Sonuçları İçindeki Parametrelere Göre Toplum Memnuniyeti

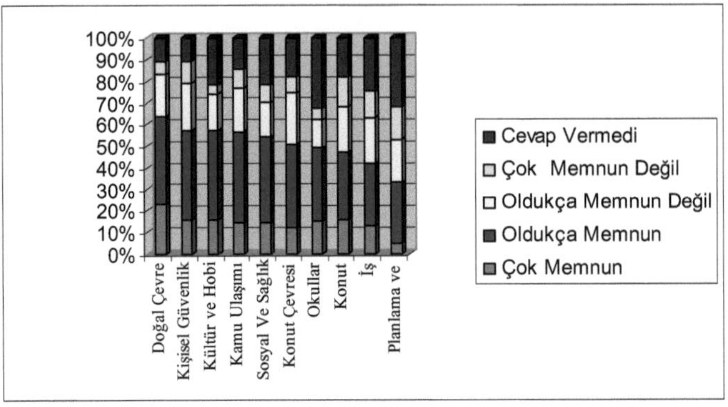

Bu analizde görülmektedir ki en yüksek düzeydeki memnuniyet Doğal Çevre (%64) kalitesinde ortaya çıkmıştır; %23 oranında doğal çevre kalitesinden vatandaşlar çok memnundur ve %41 oranında da oldukça memnundur. Bunun yanında toplumun %25 oranı da memnun değildir ve sadece %6'sı çok memnun değildir.

Kişisel güvenlikle kültür ve hobilerin her ikisinde de toplumun %57'sinde memnuniyet görülmektedir (her ikisinde de %16'sı çok memnundur). Kişisel güvenlikten memnun olmayanların oranı ise %32'yi bulmaktadır. Bu nedenle kültür ve hobi hizmetleri için yüksek oranda cevap alınamamıştır (%22).

Kamusal ulaşım, sosyal ve sağlık hizmetlerindeki memnuniyet hemen hemen birbirine yakın düzeydedir (%56 ve %54'dür) ve aynı oranda memnuniyet vardır (%14). Kamusal ulaşımda yüksek oranda memnun olmama durumu ortaya çıkmıştır (%29). Konut çevresindeki kalite için memnuniyet %51'dir ve bunun %12'si çok memnun %39 ise oldukça memnundur. Toplumun %31 ise memnun değildir bunun %8'i çok memnun değildir.

Tablo 5.10. Avrupa Kentlerinde ve Yozgat Kentinde Doğal Çevre Üzerindeki Toplum Memnuniyeti

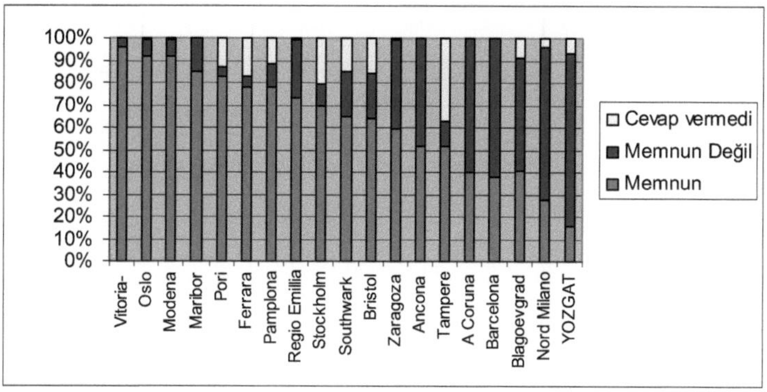

15 kentte toplumun %50 ve daha yukarıda bir memnuniyete sahip olduğu görülmektedir. Kuzey ve güney arasında eşit olarak dağılmış ve temel olarak orta büyüklükteki 8 kent %70'den daha fazla bir orana sahiptir.

Doğal çevre için toplum memnuniyeti irdelendiği zaman büyük kentlerde bu oranın daha düşük olduğu görülmektedir. Özellikle Barcelona, Nord Milano gibi kentlerde toplum memnuniyetinin daha düşük oranda elde edildiği görülmektedir. Bunun yanında Vitoria-Gasteiz ve Oslo gibi kentlerin doğal çevre memnuniyetinin yüksek oranda çıktığı dikkati çekmektedir.

Yozgat kenti Milli Park avantajına sahip olmasına rağmen insanların doğal çevreden memnuniyetsizlik sonucu %77 oranında ortaya çıkmıştır. Ayrıca yaptığımız anket sonucunda insanların %98 oranında çevreye önem vermediği ve %90 oranında Milli Parkın korunmasının yeterli olmadığı sonucu ortaya çıkmaktadır. Avrupa kentleri için çok büyük önem arz eden doğal çevre konusunda Yozgat, Avrupa'da en kötü sonucu veren kent olan Nord Milano'nun da altında kalmıştır. Avrupa değerlerine bu açıdan çok uzak kalan Yozgat kentinin Milli Park'a sahip olması gerçeği de düşünüldüğünde bu oranın belirtilen şekilde çıkması diğer kentlerimiz açısından daha büyük soru işaretleri ortaya koyacaktır.

Tablo 5.11. Anketörlerin Yozgat Milli Parkını Ortalama Olarak Kullanımı

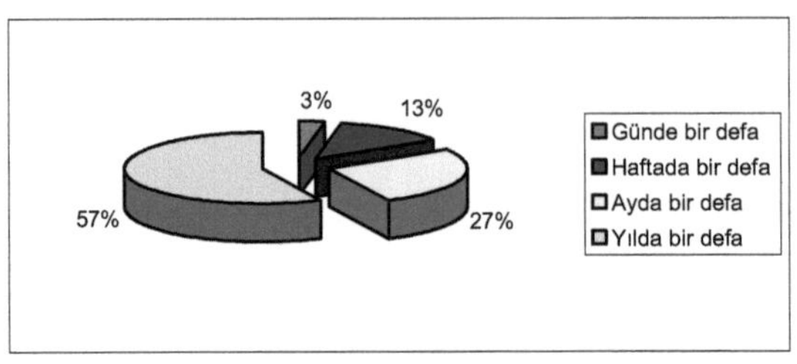

Anket sonucumuz içinde insanlara yönelttiğimiz Milli parkı ziyaret sıklığına aldığımız cevap %57 oranında yılda bir defa olmuştur. Sonucun böyle çıkmasına sebep olan en büyük faktör insanların Milli Parkın yeterince korunamadığını düşünmesidir, anket sonucumuza göre toplumun %10'nu korunma sağlanabildiğini belirtmiştir. Bu anlamda Yozgat kenti içinde doğal çevreye daha fazla önem verilmeli ve Milli Parkın ve diğer önemli doğal alanların korunmasına yönelik tedbirler artırılmalıdır.

Tablo 5.12. Avrupa Kentlerinde ve Yozgat Kenti İçindeki Kültürel ve Boş Zamanı Değerlendirmeye Yönelik Hizmetlerdeki Toplum Memnuniyeti

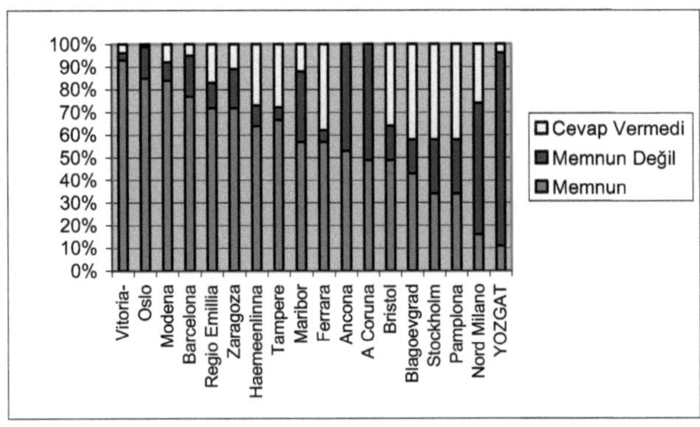

Tabloda görülmektedir ki 6 kent %70'den daha fazla memnuniyet oranı çıkarmıştır. Vitoria-Gasteiz, Oslo, Modena ve Barselona kentleri ise %77'den fazla oranda bir memnuniyet ortaya çıkarmıştır.

Yozgat kentsel alanı kültürel ve boş zamanı değerlendirmeye yönelik hizmetlerin oranında insanların memnuniyetsizlikleri (%85) ortaya çıkmıştır. Yozgat kentsel alanı içinde kültürel ve boş zamanı değerlendirmeye yönelik tedbirler artırılmalıdır.

Tablo 5.13. Yozgat Kentsel Alanı İçinde Bulunması İstenen ve Eksikliği Hissedilen Kültürel Hizmetler ve Faaliyetler

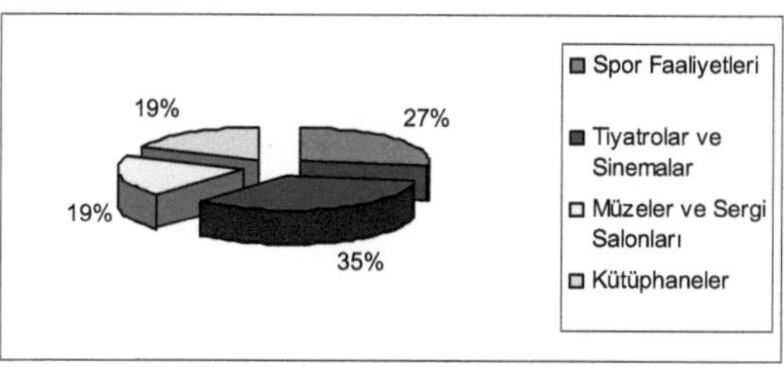

Bu anlamda araştırmamız içinde Yozgat kenti için en çok ihtiyaç duyulan tiyatro ve sinemaların (%35) çok büyük bir eksiklik olduğu ortaya koyulmuştur. Bunun yanı sıra Yozgat'ta insanlar %27 oranında spor faaliyetleri, %19 oranında müzeler ve sergi salonlarıyla birlikte kütüphanelere ihtiyaç duymaktadır.

Tablo 5.14. Avrupa Birliği Kentlerinde ve Yozgat Kentinde Sosyal ve Sağlık Hizmetlerindeki Toplum Memnuniyeti

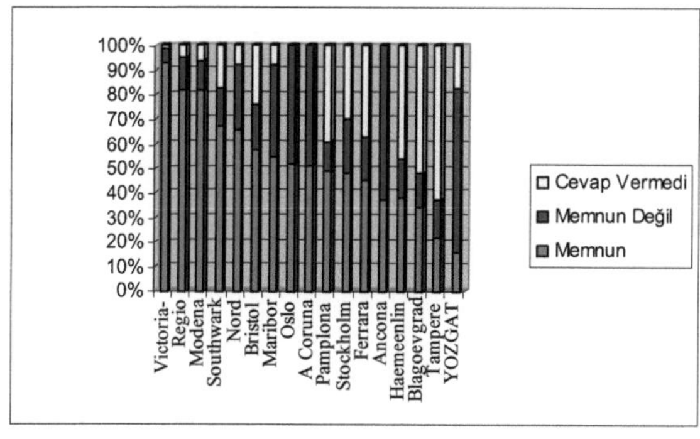

Bu hizmetler genel olarak temel hizmet olarak düşünülmesine rağmen sonuçlar istenilen düzeyde değildir; sadece 10 kentte toplumun %50'den daha fazlası memnundur ve sadece 4 kent yaklaşık olarak hepsi Güney Avrupa'dadır %70'den daha yüksek orana sahiptir.

Yozgat Avrupa kentleri ile karşılaştırıldığında memnuniyet oranında bu konu da Avrupa'nın en kötü şehri görünen Tampere'den çok daha kötü durumdadır. Temel hizmet olan sağlıkta toplum memnuniyetinin %16 gibi çok düşük olması Yozgat kentinin kentsel sürdürülebilirlik ve yaşam standartlarının sağlık ve sosyal alanlarda Avrupa ile uyum kıstasını yakalaması gerektiğini ortaya koymaktadır.

Tablo 5.15. Yozgat Kentsel Alanı İçinde Önemli Görülen Temel Hizmetler

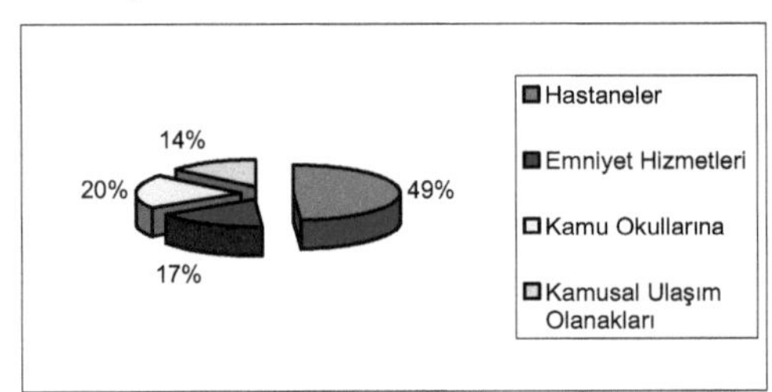

Yozgat kentinde insanlar Hastanelere (%49) erişimi çok önemli görmektedir. Bu anlamda temel hizmetlerden olan sağlık sektörünün çok önemli bir faktör olduğu ortaya çıkmıştır. Bu hizmeti sırasıyla Kamu Okulları (%20), Emniyet Hizmetleri (%17) ve Kamusal Ulaşım Olanakları (%14) takip etmektedir.

Tablo 5.16. Avrupa Birliği Kentlerinde ve Yozgat Kenti İçinde Kentsel Güvenlik İçin Toplum Memnuniyeti

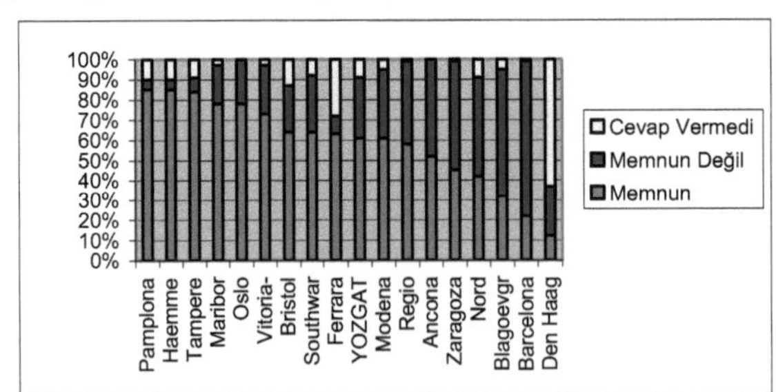

12 şehirde nüfusun %50'sinden fazlası memnun olarak görülmektedir ve sadece 6 kentte bu oran %70'den fazladır. En yüksek değerler Pamplona ve Haemeenlinna

kentlerinde kaydedilmiştir, her iki kentin nüfusunun %85'i memnundur. Söz konusu kentleri Maribor, Oslo ve Vitoria-Gasteiz takip etmektedir.

Sonuçlar göstermiştir ki iki büyük kuzey kentinde (Oslo %78 ve Bristol %64) memnuniyet derecesi yüksektir, iki büyük güney Avrupa kentinde (Zaragoza %46 ve Barcelona %23) ise memnuniyet derecesi düşüktür.

Yozgat kenti kentsel açıdan küçük bir alana sahip olması kentin güvenli bir yaşam sunmasını sağlamıştır. Bu açıdan eğer Avrupa'daki kentlerle bir karşılaştırma yaparsak Yozgat kentsel alanının bu konuda Avrupa kentleriyle eş değer düzeyde olduğunu görmekteyiz. Yozgat'ın bu yapısını destekleyen kamusal kurumların (polis koleji, askeriye gibi) varlığı da kenti güvenli bir yapı içine sokmaktadır.

Tablo 5.17. Yozgat Kenti İçinde İnsanların Güvenliklerinin Tehdit Altında Olduğunu Düşündüğü Durumlar

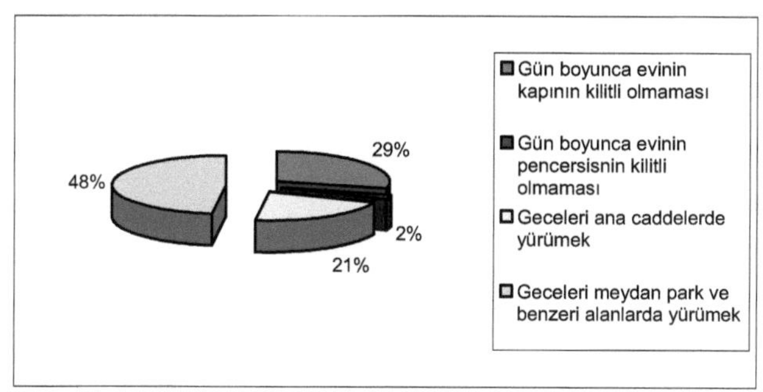

Yozgat kenti içinde elde ettiğimiz sonuçlar içinde kentsel güvenlik açısından güvenli bir kent olmasına rağmen insanlar için geceleri meydan, park ve benzeri alanlarda yürümenin (%48) tedirgin edici olduğu sonucu elde edilmiştir. Bir diğer tedirgin olma durumu ise ev kapısının kilitli olmadığı zamandır (%29). Geceleri ana caddelerde yürümekte (%21) insanları tedirgin eden bir üçüncü unsur olarak ön plana çıkmaktadır.

Tablo 5.18. Avrupa Birliği'ndeki Kentlerde ve Yozgat Kentinde Konut Çevresi Düzenlemelerdeki Memnuniyet

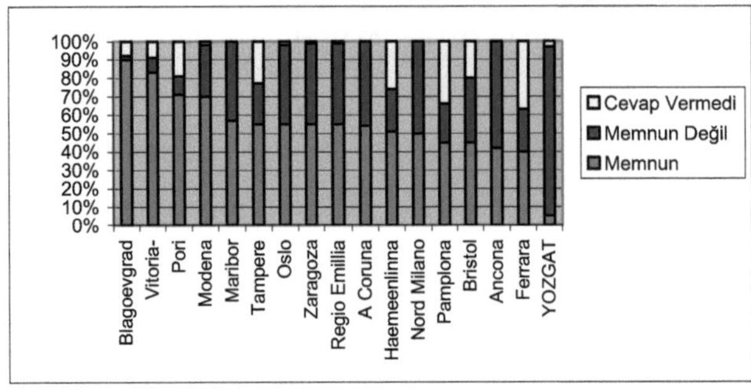

Tablodaki 11 kent %50'den fazla memnuniyete sahiptir ve 4 kent %70'den fazladır. Bulgar kenti Blagoevgrad en yüksek memnuniyet oranına (%90) sahip kenttir. Olumlu sonuç gösteren diğer kentler ise %83'le Vitoria-Gastez ve %71'le Pori'dir. 5 kent %50'nin altındadır ve bunların 4 tanesi orta büyüklükteki kentlerdir (Nord Milano, Pamplona, Ancona ve Ferrara'dır).

Yozgat'taki konut çevresindeki düzenlemeler Avrupa'daki örneklerle karşılaştırıldığında aşırı bir memnuniyetsizlik oranı ortaya çıkmıştır. Avrupa'da 5 kentin %50'nin altında bir değerle karşımıza çıktığını görmekteyiz Yozgat'ta bu 5 kentin çizdiği tabloya dahi ayak uyduramamaktadır. Bu anlamda Yozgat kentsel gelişimi kent estetiğinden yoksun bir gelişim içindedir.

Tablo 5.19. Yozgat Kentsel Alanında İnsanların Konut Seçimini Etkileyen Konut Çevresi Etmenler

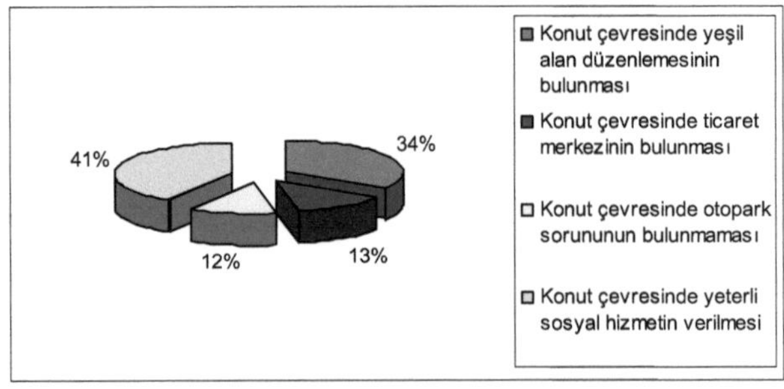

Yozgat kenti içinde konut seçiminde öncelikli olarak konut çevresinde yeterli sosyal hizmetin (%41) verilip verilemediğine bakılmaktadır, daha sonra yeşil alan düzenlemesinin bulunması (%34) önemli olmaktadır.

Tablo 5.20. Avrupa Kentlerinde ve Yozgat Kentinde Kamusal Ulaşımdaki Toplum Memnuniyeti

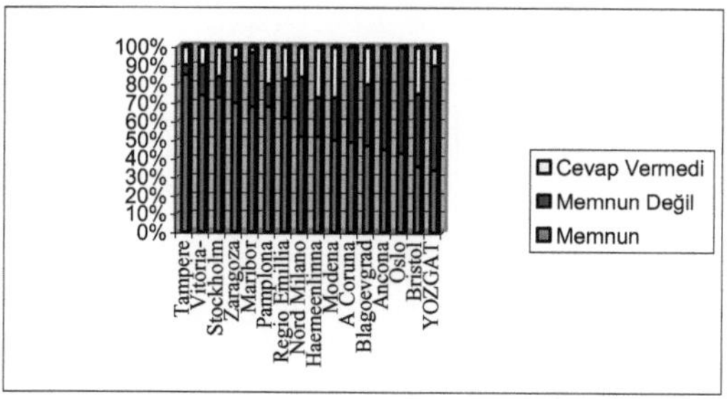

Çoğu kentte %50'den fazla memnuniyet saptanmıştır fakat sadece 4 kentte oran %70'den fazla olmuştur (Tampere, Vitoria-Gasteiz, Stockholm ve Zaragoza). Kuzey Avrupa kentlerinde elde edilen sonuçların pek azı %40'dan çok fazla memnuniyet derecesi göstermiştir.

Yozgat kentsel alanı çok büyük bir yerleşime sahip olmamasından dolayı kamusal ulaşıma yeterli ilgi ve yeterli önem verilmemiştir, bu ise kent insanını memnuniyetsizlik içine sokmuştur. Elde edilen değerler Avrupa kentlerinin değerleri ile karşılaştırılamayacak kadar kötüdür. Bu anlamda kentsel gelişim de önemli bir öneme sahip olan kentsel ulaşım Yozgat kenti için önemli bir problem olarak ortaya çıkmıştır.

Tablo 5.21. Yozgat Kenti İçinde İnsanların Kamusal Ulaşımı Kullanma Nedenleri

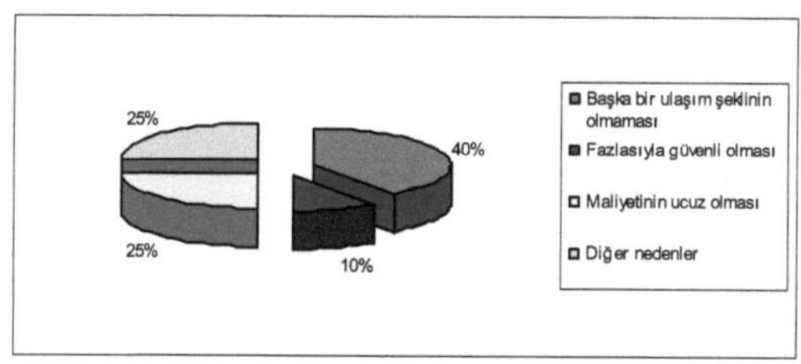

Yozgat kentsel alan içinde insanlar %40 oranında başka bir ulaşım şekli olmadığı için kamusal ulaşımı tercih etmektedir, %25 oranında maliyetinin ucuz olması etkili olmuştur ve %10 kamusal ulaşımı güvenli bulmaktadır.

Tablo 5.22. Avrupa Birliği Kentlerinde ve Yozgat Kentinde Konut Standardındaki Toplum Memnuniyeti

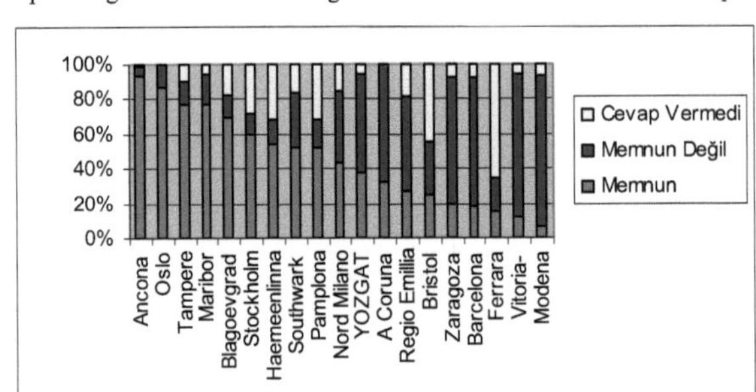

Çoğu kent burada da %50'den fazla memnuniyet göstermiştir ve sadece 5 kent %70'den daha fazla memnuniyete sahiptir. Bu sonuçlar göstermiştir ki kuzey Avrupa kentleri yüksek oranda memnuniyet göstermiştir ve güney Avrupa kentleri ise düşük memnuniyet derecesi göstermiştir.

Yozgat'ta konut standardında toplum memnuniyeti, Avrupa kentleriyle benzer bir yapıyı ortaya koymuştur. Bu anlamda kentsel gelişim içinde konut memnuniyeti yaşanabilir bir kent yapısı oluşturulmasına yardımcı olan etmen olarak olumlu bir gelişimi Yozgat için ortaya koymuştur.

Tablo 5.23. Yozgat Kentsel Alanında İnsanların Konut Seçimini Etkileyen Konut Özellikleri

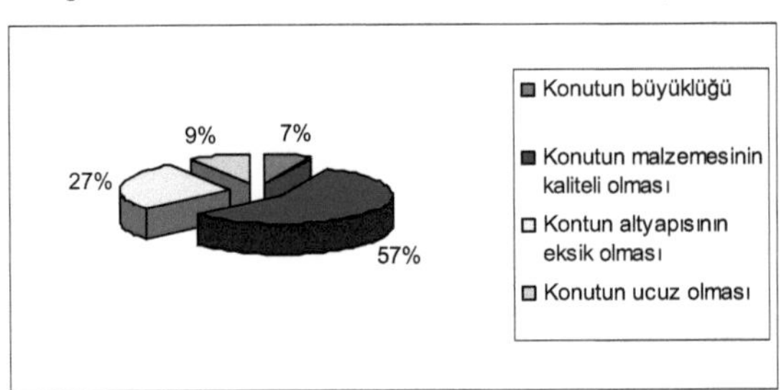

Yozgat'ta konut seçiminde öncelikli olarak konutun malzemesinin kaliteli olması (%57) istenmektedir. Bunun yanı sıra konutun altyapısının eksiksiz olması (%27), konutun büyük olması (%7) ve konutun ucuz olması (%9) konut seçimini etkileyen çok önemli nedenler olarak ortaya çıkmaktadır.

Tablo 5.24. Avrupa Birliği Kentlerde ve Yozgat Kentinde İş İmkanlarındaki Toplum Memnuniyeti

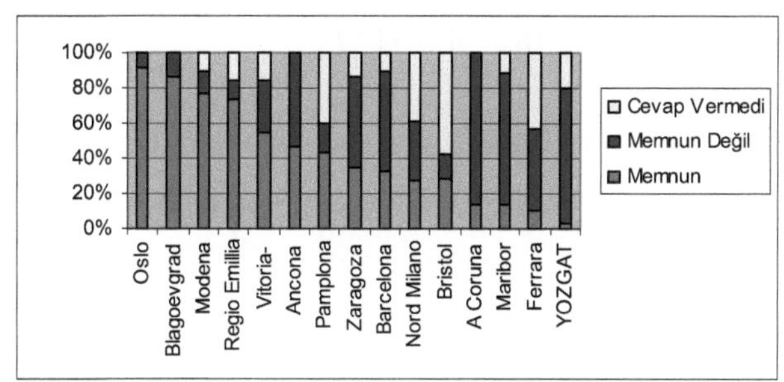

Tabloda görülmektedir ki kentler arasında en yüksek memnuniyet oranına Oslo sahiptir. Bristol'dan kentinden ise elde edilen bilgi çok düşüktür alınan cevaplarda memnuniyet oranı %27 ve memnuniyetsizlik oranı %14 olarak saptanmıştır. Bunun yanında çok yüksek oranda cevap alınamama durumuyla karşı karşıya kalınmıştır. İki doğu Avrupa kentinde birbirine zıt sonuçlar elde edilmiştir. Örneğin Blagoevgrad'da %80 memnuniyet elde edilmiştir ve Maribor'da ise %75 oranında memnuniyetsizlik sonucu ortaya çıkmıştır.

Yozgat kentinin iş olanaklarının kısıtlı olması kentin göç olgusu üzerinde de etkili olmuştur. Ekonomik açıdan yeterli bir yapı göstermeyen Yozgat yaşam için seçilen kentler arasında istenilen düzeyi yakalayamamıştır. Bu açıdan Avrupa kentleriyle yapılan bir karşılaştırma da Yozgat, Avrupa kentlerinin hepsinin gerisinde kalmıştır.

Ekolojik ve kentsel sürdürülebilirlik açısından kentsel mekanın yaşanabilirliği ön plana çıkmaktadır. Ayrıca ekolojik açıdan sürdürülebilirlik ekolojik kaynakların etkin kullanımı ile olanaklı olabilmektedir. Kentsel mekanların etkili kullanımı yaşam kalitesini de kontrol altında tutmamızı sağlar bu anlamda araştırmamız içinde Avrupa kentlerinin yaşanabilirlik düzeyi ile yaptığımız karşılaştırma da Yozgat kentsel alanının kent nüfusuna yeterli memnuniyeti sağlayamadığı ortaya çıkmaktadır. Bu kentsel gelişim ışığı altında Avrupa ile bütünleşme süreci içine giren Türkiye kentsel yaşanabilirliği artırmaya yönelik tedbirleri artırmak zorundadır.

5.2.3. Avrupa'da Küresel İklim Değişikliğine Yerel Katkılar ve Yozgat Örneği İle Karşılaştırılması

9 Mayıs 1992 tarihinde iklim değişikliğine yönelik olarak Birleşmiş Milletler Çevre Konferansı yapılmıştır. Bu konferans Kyoto Protokolü olarak adlandırılmıştır. Protokol'ün 2. maddesinin 1. fıkrasında "Yeni ve yenilenebilir enerji çeşitleri, karbondioksit tecrit/ayırma teknolojileri ve gelişmiş ve yenilikçi çevresel bakımdan sağlam teknolojiler üzerinde araştırma yapmak, teşvik etmek, geliştirmek ve kullanımının artmasını sağlanmasına" yönelik tedbirler alınması için kararlar alınmıştır. Avrupa Birliği'de Kyoto Protokolünün getirdiği önlemler içinde bulunan iklim değişikliği üzerine etkilerin azaltılmasına yönelik tedbirler almıştır.

Bu gösterge içinde karbondioksitin yıllık emisyon değerlerinin ölçümünü dikkate alınmaktadır. Burada karbondioksitin değişik sektörlerdeki antropojenik emisyonlarına başvurulur. Hesaplama metodu sadece karbondioksit emisyon miktarını dikkate almamaktadır. Özellikle karbondioksit emisyonuyla ilişkili diğer kaynakların üzerinde de durulmaktadır.

Avrupa'da yapılan araştırma da 4 kentsel alanda karbondioksit emisyonları 9 tondan yüksektir: Bunlar Pori, Turku, Bristol ve Ferrara'dır. Pori'nin yerleşim alanlarındaki emisyonlar diğer Finlandiya kentlerinden düşük olmasına rağmen, yaygınlığı nedeniyle sıfır emisyonla taşıyıcılar kullanılmıştır (odun, yerleşimlerdeki enerjinin tüketiminin aşağı yukarı %30'u kadardır). Bu şehirler çok yüksek endüstriyel emisyona sahiptir yaklaşık olarak toplam emisyonun çeyreğini göstermektedir.

Aksine Turku (Tampere ile birlikte kişi başı 3 tondan daha fazla bir oran çıkaran kentlerden biridir) yüksek oranda yerleşime ve ulaşım kullanımına sahiptir; Bristol tüm sektörlerde tüketim için ortalama değerlerden daha yüksek bir orana sahiptir, ayrıca ulaşım sektörü içinde en yüksek orana sahip kenttir. Ferrara kenti yüksek endüstriyel tüketimle karakterize edilmektedir ve önemli tüketim ortalamasının çok altındadır. Burada 2 İtalyan kenti Parma ve Verbania emisyonları kişi başı 8 tondan yukarıdır ve büyük çoğunlukla endüstriyel tüketimden etkilenmektedir.

Tablo 5.25. Avrupa Birliği Kentlerindeki Kişi Başı Toplam Karbondioksit Emisyonu (Ton)

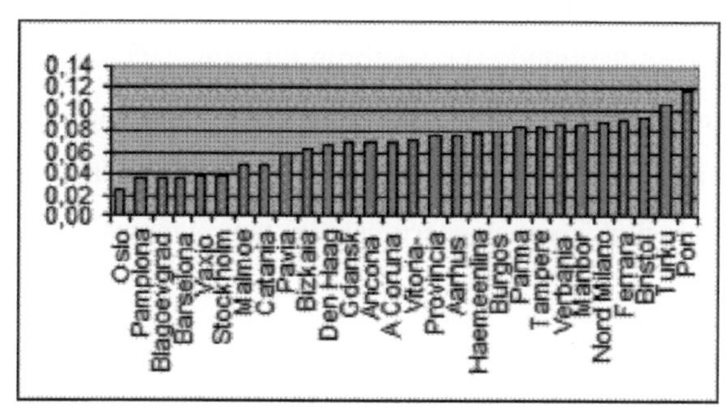

Kaynak: Ambiente Italia Research Institute, 2003

İspanyol ve İsveç kentlerindeki anketörlerle Blagoevgrad ve Oslo en iyi performansa sahip kentler gibi görünmektedir buralarda kişi başı emisyonlar 6.78 ton emisyon ortalama değerinden çok daha düşük değere sahiptir.

İskandinav kentleri mesela Stockholm, Vaxjo ve Oslo düşük sıcaklıklarından dolayı düşük emisyon değerlerine sahiptir. Norveç ve İsveç'in temel enerji vektörü/taşıyıcısı hidroelektrik enerjisi olabilir, fakat Finlandiya bu ülkelerden ayrılmaktadır. Ayrıca Stockholm kenti ek enerjisini yaygın bölge ısıtıcısı kullanımıyla sağlamaktadır. Toplam enerji tüketiminin %32'si bu şekilde bölgesel kaynak oluşturan ısıtıcılarla ve Vaxjo'da ise toplam enerjinin %27 sini odun kullanımı ile sağlamaktadır (yerleşimlerin enerji tüketimi %50'dir). Oslo'da sadece toplam enerji tüketiminin %30'u fosil yakıtlarından elde edilmektedir ve bu %30'un 2/3'ü özel motorlu taşıma için kullanılmaktadır.

En düşük değerler İspanya kentlerinde görülmektedir (Pamplona, Viladecans, Zaragoza ve Barselona'da). Bu durum klimatik koşullar tarafından da desteklenmektedir . Toplanan bilgideki eksiklikten dolayı Pomplana için bir hipotez formüle edilemeyebilir. Elektrik enerjisi tüketim bilgisinin kısmi eksikliği nedeniyle Viladecans (2.9 ton) düşük değerlere sahiptir. Zaragoza'da (1.7 ton) elektrik enerjisi tüketimi için yeterli bilgi elde edilememiştir.

Barselona kentinde ise yerleşim emisyonlarındaki düşüklük uygun hava koşullarıyla ve yaygın doğal gaz kullanımıyla (bu sektörün tüketimi %60'dır) desteklenmektedir. Ancak düşük değerli endüstriyel emisyon (kişi başı 0.39 tondur ancak ortalama 1.85 tondur) hesaplamaları gerçekleştirebilir olması nedeniyle ortalama emisyon katsayısı olarak kullanılmıştır, çünkü gerçek enerji vektörü tanımlanamamaktadır.

Yapılan araştırma da Yozgat İl Çevre Müdürlüğünden elde edilen bilgiler ışığında Yozgat kenti için karbondioksit emisyon değerlerinin ölçümünün yapılmadığı bilgisine ulaşılmıştır. Avrupa'ya entegre olma sürecindeki Türkiye'nin kentsel yaşanabilirlik standartları için gerekli yapılanmayı hazırlaması gerekmektedir. Bu anlamda Türkiye'de Yozgat örneğinin, kentleşme sürecindeki yaşanabilirlik ölçütlerini yerine getirebilmesi açısından Avrupa standartlarını sadece kanunsal altyapıyla değil, uygulama altyapısıyla da yerine getirmesi gerekmektedir.

5.2.4. Avrupa Kentleri İçinde Yerel Hareketlilik ve Yolcu Ulaşımının Yozgat Kenti Örneği İle Karşılaştırılması

Bu gösterge içinde kentsel alanlarda yaşayan vatandaşların mevcut hareketliliğini araştırılmıştır. Her bir vatandaş için genel bir hareketlilik modeli tanımlanmasına yardımcı olunmuştur. Bunlar;

- Ortalama olarak seyahat sayısı, her bir vatandaşın yaptığı günlük seyahatler başlangıç noktası ve varış yeri arsasındaki yer değiştirmeyi dikkate almaktadır (kişi başına günlük seyahat)
- Hafta boyunca düzenli olarak yapılan seyahatlerin sebebi, sistematik ve sistematik olmayan seyahatlerin sınıflandırılması (yüzde olarak sistematik seyahatlerin sistematik olmayanlarla karşılaştırılması)
- Her bir vatandaşın gün boyunca yaptığı ortalama mesafe (km/kişi başı)
- Her bir vatandaş için seyahatin ne kadar zaman aldığı (seyahatin ne kadar dakika olduğu)
- Seyahat için kullanılan ulaşım şekli ve her bir seyahatin farklı mesafeleri ile ilişki kurmak (değişik ulaşım şekilleri yüzde olarak ifade edilmiştir)
- Özel araçla yapılan seyahat analizi: ne çeşit park şekli kullanılmıştır, ulaşımdaki yolcu sayısı ve seçilen neden
- Sistematik seyahatlerin nitelik düzeyi olarak açıklamaktadır.

Avrupa kentleri içinde araştırılan yerel hareketlilik ve yolcu ulaşımının sınıflaması şu şekilde oluşturulmuştur;

- Sistematik yer değiştirmeler (okul ve iş)
- Sistematik olmayan yer değiştirmeler (alışveriş, rekreasyon ve kişisel nedenler)

Ayrıca kullanılan ulaşım şekilleri de şu şekilde oluşturulmuştur;

- Kamusal ulaşım (taksi ve toplu taşım)
- Özel ulaşım (motosiklet ve özel araç)
- Motorlu olmayan ulaşım (yürüyerek ve bisiklet)

Tablo 5.26. Avrupa Kentleri ve Yozgat Kentsel Alanında Kullanılan Ulaşım Şekilleri Oranları

	Araba	Motosiklet	Toplu Taşım	Bisiklet	Yürüyüş
Ancona	%62.1	%5.7	%18.3	%0.1	%13.8
Nord Milano	%56	%3.5	%28.9	%2	%9.7
Aarhus	%55.7	%0	%13.8	%18.2	%12.4

Bristol	%54.9	%0	%13.4	%4.9	%26.8
Reggio Emilia	%53.9	%5	%11.5	%15.2	%14.5
Ferrara	%51.2	%4.9	%3.4	%27.6	%13
Oslo	%48.7	na	%30.5	%1	%19.8
Birmingham	%43.1	%0.3	%32.4	%1.1	%23.1
Turku	%41.3	%0.1	%16.2	%11.3	%31.2
Parma	%35.6	%3	%24.1	%21.1	%16.1
Vilanova i la Geltru	%32.8	%6.3	%20.7	%1.2	%39.0
Bizkaia	%29.1	%0.4	%26.8	%0.1	%43.6
Zaragoza	%28	na	na	na	na
A Coruna	%27.6	%0.3	%6.9	%0.2	%64.9
Yozgat	%26	%3	%22	%5	%44
Malmoe	%24	%1.1	%31.3	%23.2	%20.5
Den Haag	%23	%0	%31	%34	%11.8
Barcelona	%21.9	%4.8	%28.8	%0.3	%44.1
Victoria-Gasteiz	%20.7	%0.5	%7.8	%1.4	%69.6

Yozgat kenti içinde en fazla kullanılan ulaşım şekli yürüyerek (%44) olmaktadır. Söz konusu ulaşım şeklini ön plana çıkaran kentin küçük olması ve kent içinde yürüyerek istenilen alana varılabilmesi gösterilebilir. Bunun yanı sıra özel araç kullanımı %26 ile ikinci ulaşım şekli olarak saptanmıştır. Anket çalışmamız içinde insanlara en rahat ulaşım şekline 0 ile 10 arasında puan verilmesi istendiğinde yürüyüş ortalama olarak 7.6, araba 7.7, toplu taşım ise 6.1 oranında rahatlık açısından insanların tercih nedeni olmaktadır.

Tablo 5.27. Sistematik Seyahatler

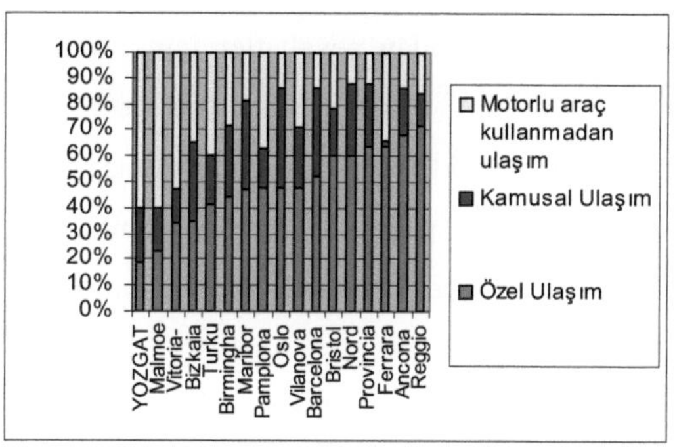

Yozgat kentsel alanındaki sistematik ulaşım şekillerini Avrupa kentleriyle karşılaştırdığımız da özel araç kullanımının en düşük düzeyde olduğu saptanmıştır. Oslo (%38) ve Barselona (%34) gibi kentler kamusal ulaşımın en fazla tercih edildiği kentler olarak dikkati çekmektedir Yozgat ise %21'lik bir oranla kamusal ulaşımı tercih etmektedir. Bunun dışında Yozgat ve Malmoe kentleri yaklaşık olarak %60'lık bir oranla sistematik ulaşımını motorlu araç kullanmadan sağlamaktadır.

Tablo5.28. Sistematik Olmayan Seyahatler

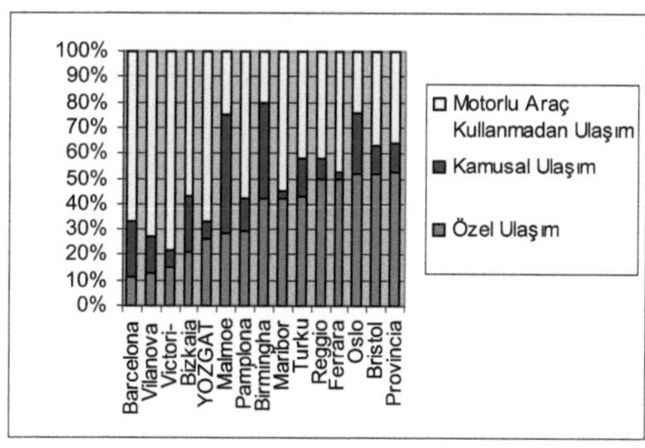

Sistematik olmayan ulaşımda Yozgat %26 özel araç kullanımı tercih etmektedir. Ayrıca Barselona, Vilanova, Victoria-Gasteiz gibi İspanyol kentlerinin ağırlıklı olarak tercih ettiği motorlu araç kullanmadan ulaşım şekli Yozgat kenti içinde de %66'lık bir oranla ağır basmaktadır.

Yozgat kentsel alanı içinde yapılan seyahatler için ortalama zaman 11.3 dakika ortalama mesafe 18.89 km'dir. Görülmektedir ki Yozgat kenti ulaşım açısından rahat bir kent olarak karşımıza çıkmaktadır. Anket çalışmamız içinde özel araçlarını tercih edenler %96 oranında ücretsiz park alanlarını kullandığı ve %69 oranında rahat olması açısından özel araçlarını seçmekte olduğu saptanmıştır.

Ulaşım yönünden Yozgat kentsel alanı 2. nolu Devlet yolu üzerinde bulunmaktadır. Kentsel merkezin şekillenmesinde çok önemli bir role sahip olan bu yol kenti doğu-batı doğrultusunda kat etmektedir. Yozgat kentsel gelişimi çok geniş bir alana yayılmamış, bu ulaşım aksı etrafında şekillenmiştir. Bu anlamda kentsel alan bir bütün oluşturarak gelişmiştir.

5.2.5. Avrupa Kentsel Mevcut Açık Kamu Alanları, Hizmetleri Ve Yozgat Örneği İle Karşılaştırılması

Kent, insanın yakın çevresini oluşturur ve insan bu çevre ile sürekli ilişki içindedir. Bu ilişkinin en yoğun olduğu yerler ise kentin açık mekanlarıdır (meydanlar, sokaklar, parklar v.s.). Kentsel mekanlar oluşturulurken, gerek ölçek gerekse detaylar açısından mimari karakter ve kalite kadar kent sakinlerinin ihtiyaçları ve davranış kalıpları da mutlaka göz önünde bulundurulmalıdır. Ancak bu şekilde daha yaşanabilir kent mekanları yaratılabilir.

Kentsel mekanlar ve kentsel donatılar, doğal çevre, insan ve toplum çevresi, yapılanmış çevre ile ilişkilerinin kurulmasında olumlu etkiler yapmaktadır. İnsanın çevresi ile bütünleşmesi ise toplumlaşması sonucunu da beraberinde getirmektedir. Bu ise yaşanabilir kent mekanlarıyla sağlanabilir ve insanın o mekanı sahiplenmesi duygusunu getirir, kente daha çok sahip çıkmasını sağlar. Yaratılan bütünleşme duygusu kentlileşme sürecine ivme kazandırır. Gösterge de açık kamu alanı yada diğer temel hizmetlerin 300 metre içinde yaşayan toplum oranıyla ilişkisi ortaya koyulmuştur.

Açık kamu alanları şu şekilde tanımlanabilir:

- Kamu parkları, bahçeler yada açık alanlar, meydanlar, bisiklet ve yaya alanları, mezarlıklardır
- Açık spor hizmetleri, serbest ulaşılabilir kamu alanları
- Özel alanlar (tarım alanları, özel park alanları)

Çoğu bilgi analizine izin veren gösterge iki kere hesaplanmak zorundadır: ilk olarak 5000 metrekareden büyük alanlarla ilişkili ve ikinci olarak tüm alanlar için kendi boyutları içinde açık hava aktiviteleri ve toplumun hobi için bu alanları kullanmasıdır.

Temel hizmetler şöyle tanımlanmaktadır (Ambiente Italia Research Institute, 2003):

- Öncelikle toplumun sağlık hizmetleri,
- Ulaşım rotalarının toplayıcılığı,
- Kamu okulları,
- Ekmek fırınları ve manavlar,
- Katı atıklar için geri dönüşüm hizmetleri,

Tablo 5.29. Avrupa Birliği Kentleri ve Yozgat Kenti 5000 m²'den Büyük Açık Kamu Alanlarının 300 m Mesafe Yakınında Yaşayan Nüfus Oranı

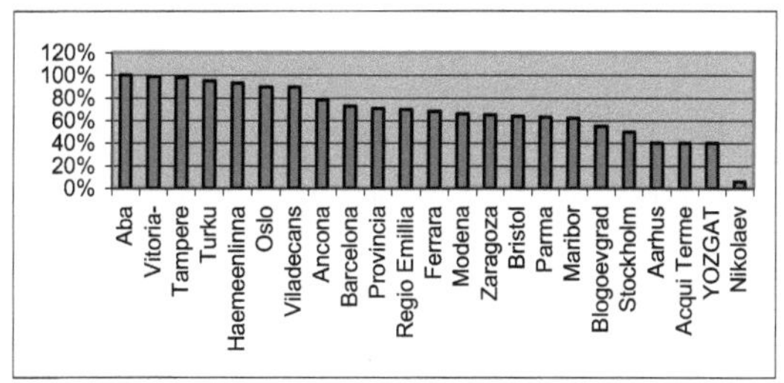

Boyut olarak 5000 m^2'nin üzerindeki ve 300 metre içindeki açık kamu alanlarında yaşayan toplumun oranı Tablo-30'da verilmiştir. Diğer taraftan temel göstergeyi 22 kent sağlamıştır, 5000 m^2'nin üstü veya altı ile sınırlı olmayan herhangi boyuttaki açık kamu alanlarını ise 29 kent sağlamıştır.

Eğer ortalama sonuçlar tüm şehirlerde hesaplanarak elde edildiyse, 5000 m^2'den büyük 300 metre içindeki açık kamu alanlarında yaşayan toplumun oranı bu 22 kentte %69 gibi görünmektedir ve herhangi bir boyutta olan aynı mesafedeki açık kamu alanlarında yaşayan toplum %78'dir.

Aslında toplumun yarısından çoğu 5000 m^2'den büyük açık kamu alanlarına kolayca ulaşmaktadır ve kentlerden 10 tanesi %70'i geçmektedir (Tampere'de %98, Vitoria-Gasteiz'de %99 ve Aba'da %100 dür).

Şekil 5.8. Yozgat Çamlık Milli Parkından Bir Görünüm

Kaynak: [14]

Görülmektedir ki Yozgat nüfusu sahip olduğu Milli Park nedeniyle rekreasyonel kullanım avantajına sahip bir kenttir. Bu anlamda kent nüfusunun %40 gibi bir oranı Milli Park çevresinde yerleşim göstermiştir, bu yapı kentleşme baskısını bize göstermektedir. Diğer taraftan nüfus yapısı için Milli Parkın rekreatif kullanım isteğini ve ihtiyaç duyulan kamusal hizmetlerin bir nebze de olsa bu alanda giderilmeye çalışıldığı gerçeği ortaya çıkmaktadır.

Tablo 5.30. Herhangi Bir Boyuttaki Açık Kamu Alanına 300 m Mesafede Yaşayan Nüfus Oranı

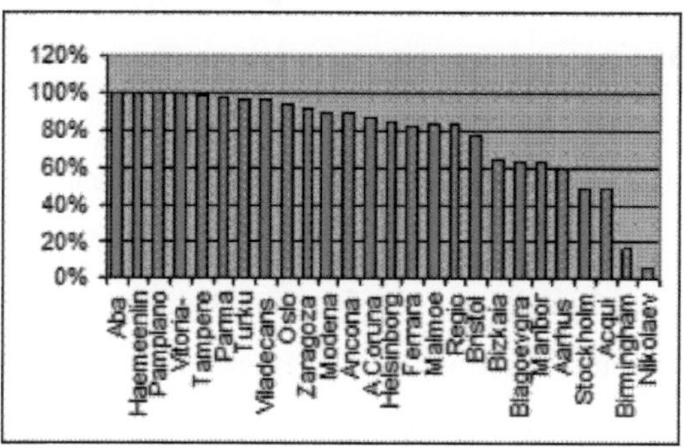

Kaynak: Ambiente Italia Research Institute, 2003

Açıkça burada en fazla ulaşılabilirlik herhangi bir boyuttaki açık kamu alanıdır.28 kentten sağlanan bu bilgiler, bu alanlara toplumun üçte ikisinin %80'lik bir oranla kolay ulaştığı sonucunu ortaya çıkarmıştır. Üçte birden çoğu da %90'nın üzerindedir (Viladecans ve Turku'da %97, Parma'da %98, Tampere'de %99 ve Aba, Barcelona, Haemeenlinna, Pamplano ve Vitoria-Gasteiz'de %100 dür).

Özet olarak 28 kentin toplamından 5 tanesinin nüfusu %100, 9 kent %95'in üzerinde 19 tanesi %75'in üzerinde ve 24 tanesinde ise %50'den fazlası açık kamu alanlarına kolay ulaşmaktadır. En düşük düzey Birmingham (%17) ve Nikolaev (%5) dir.

Açık alanlar yapı kitleleri ve boşluklar arasında bir denge unsuru olarak görev yapmaktadır. Ayrıca kentsel yaşam kalitesini, kentsel estetiği, toplum psikolojisini olumlu yönde etkilemektedir. Ekolojik bağlamlı alanların ve kentsel açık yeşil alanlar için Avrupa Birliği'nin aldığı tedbirlere yönelik olarak Yozgat kentsel alanı da elinde bulundurduğu Milli Park açık alanı için tedbirleri artırmak ve bu alanın sürdürülebilirliğini sağlamak zorundadır. Bu şekilde daha yaşanabilir ve daha sağlıklı bir kentleşme yapısı ortaya koyulmaktadır.

5.2.6. Avrupa'da Hava Kalitesi Değerleri ve Yozgat Örneği İle Karşılaştırılması

Hava kirliliği havada katı, sıvı ve gaz şeklindeki yabancı maddelerin insan sağlığına, canlı hayatına ve ekolojik dengeye zarar verecek yada belirlenen sınır değerlerinden daha fazla miktar, yoğunluk ve sürede atmosfer de bulunmasıdır. Diğer bir tanımlamayla havanın tabii bileşimini değiştiren gaz, sıvı veya katı halde bulunabilen kimyasal maddelere hava kirleticileri adı verilmektedir [15].

Şekil 5.9. Kentsel Alanların ve Sanayinin Yarattığı Kirliliğe Dair Bir Görünüm

Kaynak: [16]

Kentsel alanlarda hava kirliliğinde rol oynayan etmenler olarak topografya, nüfus, meteoroloji, sanayileşme seviyesi ve hızı göze çarpmaktadır. Avrupa kentsel alanların hava kirliliğini ve hava kalitesini önemli ölçüde etkilediği gerçeğini ortaya koymuştur. Avrupa Birliği bu anlamda hava kalitesine yönelik standartlar ve kriterler koymuştur. Çalışmamızın bu kısmında bu kriterler ışığı altında Avrupa kentleri Yozgat örneğiyle karşılaştırılıp sonuçlar ortaya konulacaktır.

Hava kalitesi analizi, atmosfer hava kalitesi üzerindeki toplum direktif çerçevesiyle (96/62/EC) tanımlanmaktadır ve daha sonraki buna yakın direktiflerle çevreyi bir bütün olarak almış ve toplum sağlığı üzerindeki negatif geri tepmeleri azaltmış ve önlemiştir. Bu gösterge ile ilgili hesaplamalar aşağıdaki düşünceleri kapsamaktadır;

- Sınır değerlerin hava kirliliğini aşması: Sülfür dioksit (SO_2), nitrojen dioksit (NO_2), partikül maddeler (PM_{10}), karbon monoksit (CO) ve ozon (O_3).
- Hava kalitesinin yönetim ve gelişimi için plan uygulama aşaması ve mevcudiyetinin sağlanması

Belirlenen sınır değerler direktiflerle sabitlenmiştir;

Tablo 5.31. Avrupa Direktifleriyle Oluşturulan Hava Kalitesi Limit Değerleri

KİRLETİCİLER	ORTALAMA PERİYOD	HAVA KALİTESİ STANDARTLARI VE HEDEFLERİ	LİMİT DEĞERLERİN ELDE EDİLECEĞİ TARİHLER	ELDE EDİLEN MİNİMUM ÖLÇÜM VE KUŞKULAR	YASAL STATÜ
SO_2	**24 saat**	**Yılda 3 defadan fazla 125 µg /m³'ü aşmaması gerekmektedir**	**1 Ocak 2005**	**%90 %15**	**1**
NO_2	**1 saat**	**Yılda 18 defadan fazla 200 µg /m³'ü aşmaması gerekmektedir**	**1 Ocak 2010**	**%90 %15**	**1**
PM_{10}	**24 saat**	**Yılda 35 defadan fazla 50 µg /m³'ü aşmaması gerekmektedir**	**1 Ocak 2005**	**%90 %15**	**1**
CO	**Günlük maksimum 8 saat dikkate alınır**	**10 mg/ m³**	**1 Ocak 2005**	**%90 %15**	**2**
O_3	**Günlük maksimum 8 saat dikkate alınır**	**Yılda 25 günden fazla 120 µg /m³'ü aşmaması gerekmektedir**	**2010**	**90%(yaz) 75%(kış) 15%**	**3**

Kaynak: Ambiente Italia Research Institute, 2003

Birkaç defa sınır aşmanın anlamı, birkaç defa sınır değerin seçilen her bir kirletici tarafından aşılması demektir. Direktif 96/62/EC ve diğer direktifler birkaç kere eksi değere izin vermektedir. Bu sayı direktifler tarafından oluşturulan referans dönemlerine göre hesaplanmaktadır: Değişik parametrelerin etkisinin ölçülmesiyle birlikte günlük 8 saat olarak saptanmıştır. Sınır birkaç defa aşıldığı zaman yada direktifin izin verdiği değerden az ise, değer sıfır olarak alınır.

Tablo 5.32. Her Bir Kirletici İçin Limit Değerlerin Aşılması

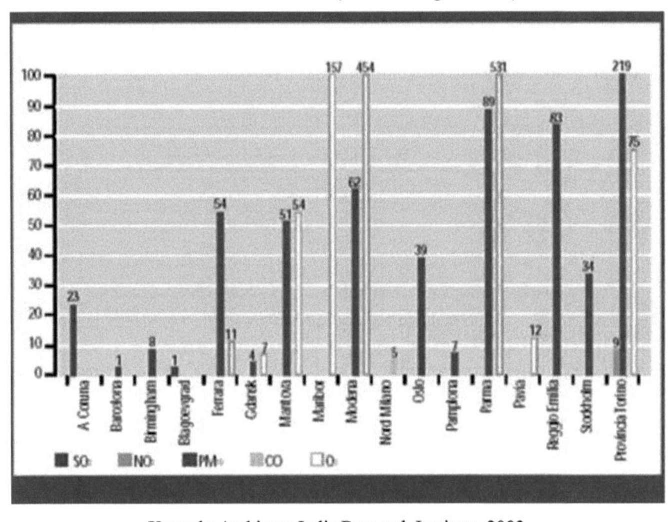

Kaynak: Ambiente Italia Research Institute, 2003

Sadece 4 alanda SO_2 ve NO_2 limitleri aşılmıştır. A Coruna SO_2 için günlük limit 125 $\mu g/m^3$ değerini aşmaktadır bu izin verilen 3 defadan 23 kere daha fazladır. Diğer kent ise Blagoevgrad'dır. Provincio in Torino'da NO_2 için her saat 200 $\mu g/m^3$ değeri direktifte izin verilen 18 defadan 9 kere daha fazladır. Nord Milano alanında sadece CO limit değeri olan 10 mg/m^3 aşılmıştır (5 defa). Yukarıdaki grafikte O_3 ve PM_{10} çok daha fazla tehlike arz etmektedir O_3 8 ve PM_{10} 12 kentte limit değerleri aştığı görülmüştür.

Partikül madde kentsel kirleticiler içinde en tehlikelisi olarak ortaya çıkmaktadır: Konuyla ilgili 23 yerel otoriteden 12 tanesi hakkında bilgi vardır. Bu kentler günlük 50 $\mu g/m^3$'lük sınır değeri aşmıştır. Provincia di Torino en yüksek değere sahiptir (219 kere), bu kenti Parma (89 kere) takip etmektedir, daha sonra Reggio Emilia (83 kere) ve Modena (63 kere) gelmektedir. Bu limiti aşan 12 kentten, en yüksek değere sahip olan 6 tanesinin hepsi İtalya'dadır. Kalan kentlerden 4 tanesi Kuzey Avrupa'da ve diğer ikisi de İspanya'dadır, bu 10 kentin tamamı Stockholm hariç 10 defadan az sınır değeri geçmiştir. Stockholm ise 34 defa sınır değeri aşmıştır.

Partikül madde sınır değerleri 1 Ocak 2005'den sonra zorunluluk halini alacaktır, bu nedenle 2005'den bir önceki yıl partikül değerleri karşılaştırılmıştır: bunun sonucunda Kuzey Avrupa kentleri izin verilen sınır değerlere yaklaşmıştır, İtalyan kentlerinin tamamı ise sınır değerlerin üstündedir.

Eğer bilgileri kentsel alan boyutlarına göre değerlendirirsek partikül madde sınır değerlerini aşan büyük kentler 6 tanedir ve orta boyuttaki kentler 5 tanedir. Küçük kentlerde ise sadece Montova bu kirletici problemine sahiptir.

25 alandan toplanan bilgiye göre ozon kirlenmesi şu şekilde veriler ortaya koymuştur, 8 kent izin verilen 125 µg /m^3'lük sınır değerini 25 defadan daha çok aşmıştır. En kritik alanlar Parma (531 defa), Modena (454 defa) ve Maribor (157) gibi görünmektedir. Genel olarak tüm bakıldığında söz konusu problem tüm İtalyan kentlerin de görülmektedir.

O_3 değerini aşan kentlere baktığımızda: 2 büyük kent, 4 orta büyüklükte ve 2 küçük kent göze çarpmaktadır. Son olarak 19 kentteki homojen bilgi dağılımına göre 5 tanesi tüm kirleticilere sahiptir ve 8 tanesi sınır değerleri aşmamıştır.

Tablo5.33. Yozgat Kenti için Kükürt Dioksit ve Partikül Madde Değerler Tablosu

Kış Sezonu (Kasım-Mart)Hava Kirliliği Ortalama Değerleri 2001-2002										
	Kükürt dioksit Konsantrasyon Değeri (µg/M^3)					**Partikül Madde Konsantrasyon Değeri (µg/M^3)**				
Yozgat	224	357	455	374	187	40	76	132	90	21

Kaynak: Kabasolak ve ark., 2002

Yozgat kenti Avrupa kentleri ile karşılaştırıldığında muazzam kirlilik düzeyine sahiptir. Yozgat kükürt dioksit açısından en büyük değere sahip il olarak dikkati çekmektedir. Bu değer DİE'nin verilerinde ortalama 2002 yılında ortalama değer 320 μg /m³ çıkmıştır (Kabasolak ve ark., 2002). Avrupa'nın da öncelikli kirlilik sorunlarından olan partikül madde konsantrasyonun da Yozgat neredeyse Avrupa kentleri içinde başı çekmektedir. Bu anlamda Yozgat, Avrupa Birliği'nin belirlediği 1 Ocak 2005 tarihli kararı çerçevesinde bu değerleri normal seviyeye çekmek zorundadır.

Ayrıca Yozgat kentsel alanında Avrupa'da ölçümü yapılan O_3, CO ve CO_2 değerlerinin ölçümünün yapılmadığına dair Yozgat İl Çevre Müdürlüğü'nden bilgi alınmıştır. Görülmektedir ki Yozgat kentsel alanında olduğu gibi Türkiye'nin çoğu kentsel alanı Avrupa'da alınan tedbirlerden uzak kalmıştır, ülkemiz kentsel alanları Avrupa'nın bu standartlarına uyum sağlamak zorundadır.

5.2.7. Avrupa Kentleri İçinde ve Yozgat Kentsel Alanında Çocukların Okula ve Okuldan Eve Seyahati

Bu gösterge içinde çocukların evden okula ve okuldan eve olan ulaşım şekilleri araştırılmış ve yüzde olarak ifade edilmiştir. Yapılan araştırmada ulaşım türleri beşe ayrılmıştır. Bunlar;

- Yürüyerek,
- Bisikletle,
- Servisle,
- Özel araçla,
- Diğer ulaşım şekilleri şeklinde sıralanmaktadır.

Gösterge en çok yaygın olan ulaşım şeklini tanımlamak zorundadır. Yılda günlük olarak en azından %50 ulaşımın okul için kullanılmasını ortaya koymuştur.

Tablo 5.34. Avrupa Kentleri ve Yozgat Kentsel Alanında Çocukların Okula ve Okuldan Eve Ulaşım Şekli

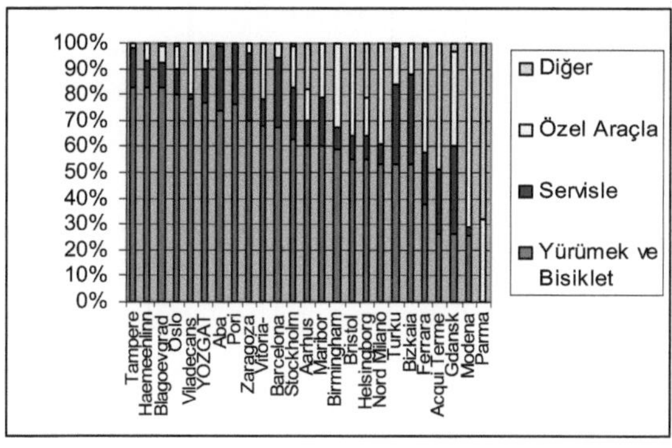

Barselona, Zaragoza, Viladecans ve Victoria-Gsteiz'de %65'den fazla çocuk yürüyerek okula gitmektedir. Yozgat'ta kent içinde İspanya kentlerinde olduğu gibi yürüyerek gitme (%77) oranı yüksektir. Yinede Barselona, Zaragoza ve Aba'da servisle okula gitme oranı %23 ile %27 arasında değişmektedir, Yozgat'ta ise bu oran %13'dür. Yozgat'ın küçük kent ölçeğinde olması okula ulaşımın genel olarak yürüyerek olmasının en önemli sebebini teşkil etmektedir.

Hemen hemen tüm İtalyan kentlerinde ise genel olarak çocukların okula ulaşımında özel araç kullanımı ön plana çıkmaktadır (%39 Nord Milano, %49 Acqui Terme ve %78 Modena gibi). Yozgat'taki özel araç kullanım oranı ise %10 olarak saptanmıştır.

Yozgat kentsel alanında eğitim tesisleri incelendiği zaman yeterli eğitim kurumunun oluşturulduğu ve bunların bir çoğunun yürüme mesafesinde olması avantajı ortaya çıkmaktadır. Çocukların evden okula ve okuldan eve ulaşımında eğitim kurumlarının konut alanları ile bütünleşmesi sağlanmıştır. Kent merkezine içinde 6 eğitim kumrunun bulunması ulaşımın yürüme mesafesiyle orantılı olarak planlanmış olduğu ortaya çıkmaktadır.

Tablo .5.35. Avrupa Kentleri ve Yozgat Kentsel Alanında Çocukların Okula ve Okuldan Eve Özel Araç Kullanma Sebebi

	Başka Bir Ulaşım Şeklinin Olmaması	Zamanın Yeterli Olmaması	Olumsuz Hava Koşulları	Fazlasıyla Güvenli Olması	Diğer
Acqui Terme	%19	%30	%0	%52	%0
Blagoevgrad	%38	%20	%6	%20	%15
Haemenlinna	%5	%16	%10	%13	%56
Modena	%18	%26	na	%10	na
Nord Milano	na	%37	na	%11	%52
Oslo	%7	%41	%2	%23	%27
Stockholm	%3	%42	%9	%15	%31
Tampere	%5	%19	%25	%13	%38
Viladecans	%1	%61	%1	%1	%36
Vitoria-Gasteiz	na	%60	%40	na	na
Zaragoza	%8	%9	%2	%7	%73
Yozgat	%0	%42	%0	%29	%29

Çocukların okula ve okuldan eve taşınmasında özel araç kullanımın nedeni Yozgat'ta %42'lik bir oranla zamanın yeterli olmamasına bağlanmıştır. Bunun yanı sıra %29'la özel aracın güvenli bulunması bir diğer önemli etken olarak gösterilmiştir. Avrupa'da Acqui Terme kentinde yine özel aracın güvenli bulunmasından dolayı tercih edilmesi %52 oranında gibi büyük bir oran ortaya çıkarmıştır.

Kentsel ulaşım, kentin, kent planlamasını yakından etkileyen ve arazi kullanım kararlarını oluşumunu sağlayan en önemli etken olarak ortaya çıkmaktadır. Bu anlayış kentsel gelişimin ve kentsel yayılmanın ulaşım olanaklarına bağlı olduğu gerçeğini bize göstermektedir. Kentsel ulaşımı en fazla etkileyen etmen olarak çocukların evden okula ve okuldan eve olan hareketliliği ön plana çıkmaktadır. Özellikle bu araştırma içinde vurgulanan çocukların ulaşım için özel araç kullanımının hava kalitesine getirdiği olumsuz etkilerdir. Bunun yanı sıra okul yer seçiminin kentsel alan gelişimini etkilediği gerçeği de vurgulanabilir. Toplum temel hizmetler arasında gördüğü eğitim olanaklarına ulaşımı ön planda tutmaktadır.

Sonuç olarak kentsel alanda hareketliliğe büyük oranda etki eden çocukların okul için seyahati Yozgat kentsel alanında büyük oranda yürüyerek yapılmakta olması, kent içi trafiğe, ulaşım olanaklarına ve ekolojik yapıya olumsuz yansımamaktadır.

5.2.8. Avrupa'da Yerel Otorite ve Yerel Girişimciler İçin Sürdürülebilir Yönetim

Bu gösterge geniş bir araştırma alanına sahiptir. Yerel girişimler, organizasyonlar ve otoriteler; kaynak tüketimi, çevresel koruma ve sosyal konularda onaylanan prosedürlere adapte edilerek yönetilmelidir. Bu nedenle kamu ve özel organizasyonların paylaşımındaki girişimler tanımlanmış olup (geniş, küçük ve orta ölçekli girişimciler), çevresel ve yönetim prosedürlerini kullanılarak adaptasyon sağlanmıştır.

Bu gösterge için temel bilgi gereksinimleri şunlardır;

- % olarak organizasyonların çevresel yönetim prosedürlerine adaptasyonu
- % olarak organizasyonların sosyal yönetim prosedürlerine adaptasyonları
- % olarak organizasyonların çevresel ve sosyal yönetime adaptasyonları

Detaylı analizler aşağıdaki gibi oluşturulmuştur;

- Geniş alandaki girişimcilerin toplam sayısının yüzde olarak ifade edilmesi çevresel ve sosyal yönetim prosedürünün adaptasyonunun NACE koduna göre sınıflandırılması,

- Küçük ve orta ölçekli girişimlerin toplam sayısının yüzde olara ifade edilmesi çevresel ve sosyal yönetim prosedürlerinin adaptasyonunun NACE koduna ve SME'nin 3 kategorisine göre sınıflandırılması,

- Kamusal organizasyonların toplam sayısının yüzde olarak ifade edilmesi çevresel ve sosyal yönetim prosedürüne adaptasyonun sağlanması,

- Hükümet dışı organizasyonların (NGO) toplam sayısının yüzde olarak ifade edilmesi eğer değişik NGO'lar değişik tipte organizasyonlar, cemiyetler mevcutsa çevresel ve sosyal yönetim adaptasyonunun sağlanması.

Çevresel yönetim prosedürleri için EMAS ve ISO 140001 sertifikalarına ve sosyal yönetim prosedürleri için de SA8000, AA1000 (AccountAbility 1000) sertifikalarına başvurulmuştur. SA8000 ve AA1000 sertifikalarıyla işçilerin sağlıklı koşullarda çalışmasına yönelik düzenlemeler getirilmiştir.

Tablo 5.36. Avrupa Kentleri ve Yozgat Kentsel Alanında Sertifikalı Kuruluşların Sayısının Karşılaştırılması

Yerel Otoriteler	Sertifikalı Girişimciler	Yerel Otoriteler	Sertifikalı Girişimciler
Stockholm	179	**Haemeenlinna**	11
Proincia Torino	132	**Modena**	11
Bizkia	93	**Catania**	8
Malmoe	79	**Maribor**	8
Zaragoza	65	**Mantova**	7
Birmingham	59	**Reggio Emilia**	7
Oslo	46	**Ferrara**	6
A Coruna	37	**Verbania**	4
Tampere	34	**Parma**	2
Aarhus	32	**Vilanova i la Geltru**	2
Bristol	22	**Aba**	1
Vitoria-Gasteiz	19	**Ancona**	1
Pori	15	**Blagoevgrad**	0
Gdansk	14	**Nikolaev**	0
Nord Milano	14	**Acqui Terme**	0
Pavia	0	**Yozgat**	0

Ülkemizde de çevresel yönetim için ISO-14001 ve toplam kalite yönetimi için ISO-9000 belgeleri aranmaktadır. ISO-14001 için kuruluş, genel çevre icraatını ve bu icraattaki genel başarı derecesini geliştirmek amacıyla, çevre yönetim sistemini gözden geçirmeli ve sürekli olarak geliştirmelidir [17].

Yozgat kentsel alanında Avrupa'daki bazı kentler gibi hiçbir kuruluş ISO-14001 ve ISO-9000 belgelerine sahiptir. Avrupa Birliği içinde aranan diğer sertifikalar şu an için ülkemizde aranmamaktadır. Yaptığımız araştırma da Yozgat Sanayi Bölgesi çok yeni sayılabilecek bir yapılanma içindedir.

Tablo 5.37. Yozgat Sanayi Bölgesi İçinde Yer Alan Sanayi Kuruluşları

FİRMA ADI	ÜRETİM KONUSU
Yozgat Deniz Mobilya	**Mobilya**
Steril Mediko Ltd. Şti	**Tıbbî malzeme**
Taşba Ltd Şti	**Mobilya**
Sera Yapı AŞ	**Yapı kim**
Çelik şahin Ltd Şti	**Gıda**
Erensan Isı Tekniği AŞ	**Makine**
Delta Tarım AŞ	**Tarım Kim.**
Ambulans İlk Yardım AŞ	**Sağlık**
Prizma Tekstil	**Konfeksiyon**
Uçar Kid Oyuncak	**Plastik**
Zekeriya Demir-Neşet Şahin	**Cam Mozaik**
Yimteks Yimpaş AŞ	**Konfeksiyon**
BETAŞ Parke	**İnşaat**
Yeşiloğlu Plastik	**Plastik**
Şahin Yapı Kim. Mak.Ltd Şti	**Gıda**
Elit Farma Ecz.Lev.Tıp.Ltd Şti	**Elektirik Sanayi**
Metaform Metal Tic. Ltd Şti	**Elektrik Sanayi**
Dekora Mobilya Tic.Ltd.Şti	**Med. Ofis**
Gözdem Talş.İm.Tic.Ltd.Şti	**Oto yan sanayi**

Kaynak: [10]

Yozgat sanayi bölgesi içinde bulunan firmalar yukarıdaki tabloda verilmiştir. Belirtilen tabloda Yozgat sanayi sektöründe yeterli atılımı yapamadığı görülmektedir. Bu ekonomik sürecin yavaş işlemesi Yozgat'tın kentsel gelişimini de yavaşlatmıştır. Doğal olarak ekonomik girdilerin ön planda tutulması kalite ve çevre yönetimi konusu, Yozgat'taki firmaların geri planda tuttuğu konular olmuştur.

Tablo 5.38. Avrupa Kentleri İçinde ve Yozgat'taki Çevre Sertifikalı Firmalar

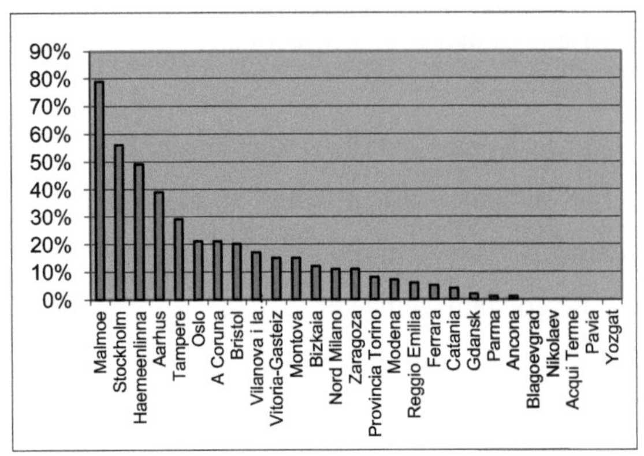

Çevre sertifikalı firmalara baktığımız zaman Malmoe %79'luk bir oranla en önde gelen kenttir, Malmoe'yu %56 ile Stockholm, %49 ile Haemeenlinna ve Aarhus takip etmektedir. Yozgat ise Blogoevgrad, Nikolaev ve Acqui Terme gibi %0'lık bir oran ortaya koymuştur. Bu anlamda Yozgat kentsel gelişimden memnun olmayan toplum, sanayi gelişimi içindeki çevre sertifikalarına sahip hiçbir firmanın bulunmamasının ortaya çıkaracağı sorunlarla da karşı karşıya kalmaktadır.

5.2.9. Avrupa Gürültü Kirliliği Değerleri Ve Yozgat Örneği İle Karşılaştırılması

Gürültüyü insanlar üzerinde olumsuz etki yapan ve hoşa gitmeyen sesler olarak tanımlayabiliriz [18]. Özellikle büyük kentsel alanlarda gürültü kirliliği çok rahatsız edici bir boyuta ulaşmaktadır. Kentsel alan içinde gürültü kirliliğinin başlıca sebepleri trafik yoğunluğu ve endüstri bölgelerinden çıkan gürültüler oluşturmaktadır. Avrupa Birliği kentsel yaşam standardını oluştururken bu anlamda da önlemler almıştır. Çalışmamızın bu kısmında Avrupa'daki gürültü kirliliği değerleriyle, Yozgat kentinin gürültü kirliliği boyutları karşılaştırılacaktır.

Gürültü kirliliği analiz göstergesi Avrupa Direktifiyle (2002/49/EC) açıklanmıştır. Takip edilen maddeler göstergenin hesaplanmasında düşünülmüştür (Ambiente Italia Research Institute, 2003);

- Yerleşimlerde tahmini hesaplanan toplum sayısı için kara yolu, tren yolu, hava trafiği gürültüsü ve endüstriyel kaynaklı (gündüz) gürültüler dB(A) olarak: 55-59, 60-64, 65-69, 70'den büyük değerleri takip etmektedir.
- Yerleşimlerde tahmini hesaplanan toplam toplum sayısı için kara yolu, tren yolu, hava trafiği gürültüsü ve endüstriyel kaynaklı (gece) gürültüler dB(A) olarak: 55-59, 60-64, 65-69, 70'den büyük değerleri takip etmektedir.
- Ölçümlerin oranı her biri yukarıda belirtilen gündüz ve gece için değer aralıklarındaki toplam sayınının alınmasına sonucu ortaya çıkmaktadır.

Nüfusun hesaplamadaki paylaşımı 24 saat boyunca çevresel gürültüye maruz kalmasıdır. Bu Avrupa Direktifindeki gerekli parametrelerden biri olmasına rağmen, standardize edilmemiştir.

Tablo 5.39. 55 dB(A)'dan Fazla Gürültü Kirliliğine Gece Maruz Kalan Nüfus Oranı

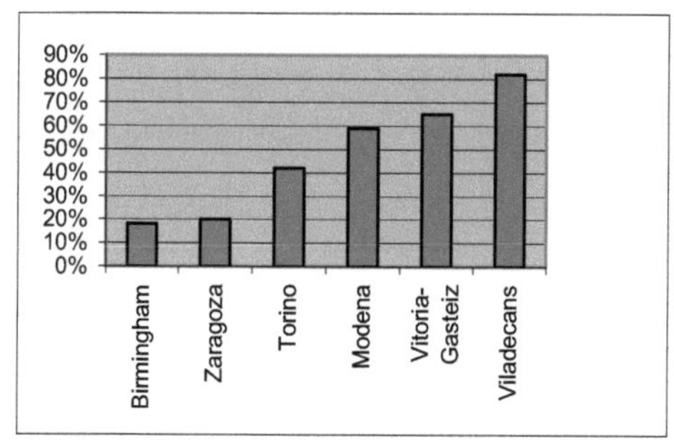

Kaynak: Ambiente Italia Research Institute, 2003

Şekildeki 55 dB(A)'dan büyük gürültü kirliliğine maruz kalan nüfus oranı 6 kent için elde edilebilmiştir. Maribor'da gece gürültüye maruz kalan nüfus 55 dB(A)'ayla 59' dB(A)'a arasında %4 olarak ortaya çıkmıştır fakat gürültüden rahatsız olmayan nüfus sayısı hakkında bir bilgi alınamamıştır.

Tabloda görülmektedir ki Viladecans (%82) kenti yüksek oranda gece gürültü kirliliğine maruz kalmaktadır. Bu kenti takip eden diğer kent ise %65 ile Vitoria-Gasteiz'dir. Vitoria-Gasteiz kenti de Viladecans kentinden sonra diğer yüksek oranda gece gürültü düzeyine maruz kalan kentdir. Bu kentleri 2 İtalyan kenti Modena %59 ve Torino %42 ile takip etmektedir. Bu tablodan Avrupa'da ki bu kentlerin inanılmaz bir gürültü kirliliğine maruz kaldığı ortaya çıkmaktadır. Yaşanabilirliği olumsuz etkileyen bu yapı için Avrupa gürültü kirliliğine karşı çıkardığı direktifi diğer uygulamalarla desteklemek zorundadır.

Tablo 5.40. Gün Boyunca Gürültü Kirliliği Değerleri

L	55-59dB(A)	60-64dB(A)	65-69dB(A)	70-74dB(A)	>75 dB(A)
Tampere	**%97**	**%0**	**%3**	**%0**	**%0**
Blogoevgrad	**%87**	**%2**	**%2**	**%7**	**%2**
Stockholm	**%80**	**%0**	**%20**	**%0**	**%0**
Helsingborg	**%53**	**%35**	**%12**	**%0**	**%0**
Torino	**%40**	**%31**	**%20**	**%8**	**%1**
Aarhus	**%38**	**%31**	**%23**	**%8**	**%0**
Modena	**%24**	**%25**	**%33**	**%15**	**%2**
Vitoria-Gasteiz	**%16**	**%18**	**%30**	**%29**	**%7**
Viladecans	**%11**	**%37**	**%34**	**%16**	**%2**

Kaynak: Ambiente Italia Research Institute, 2003

Tablonun 65-69 dB(A) aralığını incelediğimiz zaman özellikle Viladecans (%34), Vitoria- Gasteiz (%30), Modena (%33) başı çeken şehirler olmuştur. Helsinborg (%35), Torino (%31) ve Aarhus (%31) 60-64 dB(A) arasındaki değerde başı çeken şehirler olmuştur. Gürültü kirliliği normal seviye olarak kabul edilen 55 dB(A) yakın olan kentler ise Tampere (%97), Blagoevgrad (%87), Stockholm (%80) olmuştur.

Gürültü kirliliği için yaptığımız incelemede kent merkezini doğu-batı yönünde kesen şehirlerarası yolun gürültü kirliliğinde önemli rol oynadığını görmekteyiz. Kentsel gelişimin bu yol aksı boyunca oluşması gürültü kirliliğini kent için önemli bir sorun haline getirmektedir. Bu gelişime paralel olarak Yozgat kentinin bu yol aksındaki kalan alanları için gürültü kirliliğinden korunmasına yönelik olarak gürültü önleme perdeleri oluşturulması önerilebilir.

Tablo 5.41. Yozgat İl Merkezinde 2001 Yılı Trafiğin Yoğun Olduğu Yerlerdeki Gürültü Düzeyi

AYLAR	En Düşük dB(A)	En YüksekdB(A)
Ocak	66	71
Şubat	66	71
Mart	65	70
Nisan	66	71
Mayıs	65	71
Haziran	67	70
Temmuz	65	72
Ağustos	66	70
Eylül	67	70
Ekim	68	69
Kasım	65	69
Aralık	66	68

Kaynak: Kabasolak ve ark., 2002

Yozgat'ta trafikten elde edilen gürültü kirliliği değerleri Avrupa kentlerinde elde edilen ortalama gürültü kirliliği değerlerinden daha fazla olarak ortaya çıkmıştır Yozgat için ortalama trafik elde edilen gürültü kirliliği yaklaşık olarak 70 dB(A) bulmaktadır.

Tablo 5.42. Yozgat İli 2001 Yılı Sanayinin Yoğun Olduğu Yerlerdeki Gürültü Kirliliği Sonuçları

AYLAR	En Düşük dB(A)	En YüksekdB(A)
Ocak	63	68
Şubat	64	69
Mart	65	68
Nisan	66	69
Mayıs	65	68
Haziran	64	69
Temmuz	66	70
Ağustos	65	70
Eylül	64	70

Ekim	66	69
Kasım	64	68
Aralık	65	68

Kaynak: Kabasolak ve ark., 2002

Yapılan araştırma göstermektedir ki Yozgat büyük bir gürültü kirliliği etkisi altındadır. Türkiye'nin il çevre sorunları ve önceliklerinin envanter çalışması yapılmıştır. Yozgat kentinin öncelikli sorunu gürültü kirliliği olarak ortaya çıkmıştır. Elde edilen tablo-43 (Şahin, 2001) verileri de göstermektedir ki, Yozgat kentinin yaşanabilir bir kent olabilmesi için gürültü kirliliğinin önlenmesi öncelik arz eden bir konudur.

5.2.10. Avrupa'da Sürdürülebilir Arazi Kullanımının Ölçülmesi ve Yozgat Örneği ile Karşılaştırılması

Avrupa Birliği'nin en fazla sorun yaşadığı konulardın başında kentsel sürdürülebilirlik gelmektedir. Avrupa'nın özellikle Doğu Avrupa bölgesinde saptanan bu sorun şu şekilde ifade edilebilir; kentsel alanda demografik yapıdaki düşüş ve endüstriyel alanların ucuz işgücü ve üretim amacıyla yada modern endüstriyel gelişime ayak uyduramaması sonucu terk edilmesi olarak tanımlanabilir. Kentsel alanlar içindeki bu sorun bölgeyi karakterize eden sosyo ekonomik ilişkileri ve gelişme biçiminin çerçevesini ortaya koymaktadır (Şenlier, 1994). Avrupa kentleri bu soruna karşı sürdürülebilir kentsel gelişimi benimsemiştir. Çünkü bu gelişim kent içinde kirli, tehlikeli ve rahatsız edici bir imaj ortaya koymaktadır. Bu anlamda Avrupa kentsel gelişimi ile Yozgat kentsel gelişim örneği karşılaştırılıp kentsel sorunlar ve alınması gereken tedbirler ortaya koyulacaktır.

Bu gösterge çok çeşitli konuları içermektedir. Fakat tüm konular arazi kullanımla ilişkilidir. Konuları temel olarak şu şekilde sırlayabiliriz;

a) Yapay arazi modeli: Toplam belediye alanının oranını ifade etmektedir,

b) Terk edilmiş yada kirletilmiş arazi: Terk edilmiş yada kirletilmiş arazi boyutunu (m^2) ifade etmektedir,

c) Arazi kullanım yoğunluğu: Kişi başına düşen km^2 arazinin sınıflandırılmasıdır yani kentleşen arazidir,

d) Yeni gelişim: El değmemiş alanlarda yeni konutların yapılması, kirlenmiş ve terk edilmiş alanlara yapılan yeni konutların toplam alanla karşılaştırılmasıdır,

e) Yenilenen kentsel alanlar:

1. Yenilenen ve değiştirilen terk edilmiş konutların toplam sayısı
2. Yenilenen ve değiştirilen terk edilmiş konutlar toplam kat adedi
3. Yeni kullanımlar için terk edilmiş alanların ve açık alanlarda yenilenmesi
4. Kirletilmiş arazinin temizlenmesi (m^2 olarak)

f) Korunan alanlar: Toplam belediye alan içinde korunan alanın büyüklüğüdür,

Tablo 5.43. Kent İçinde Korunan Alan Oranı

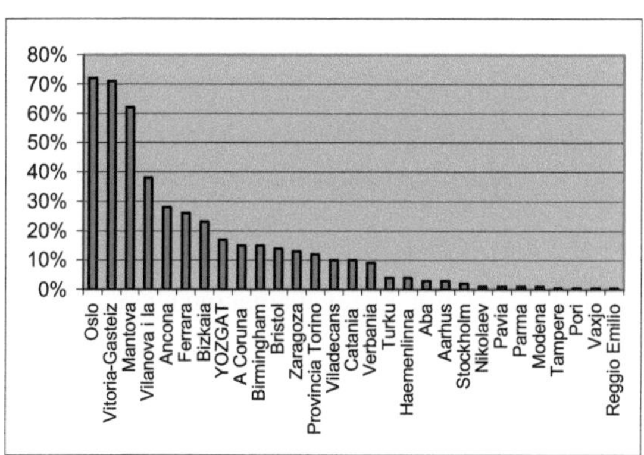

Kaynak: Ambiente Italia Research Institute, 2003

Kent içinde korunan alanlar farklı şekil de korumaya sahiptir. Oslo ve Vitoria-Gasteiz kentleri en yüksek koruma alanına sahiptir %70'in üzerindeki oranla, bu kentleri Montova %62 ve Blagoevgrad %38 ile takip etmektedir, bu koruma alanlarına tarımsal koruma alanları da dahildir. Tüm diğer yerel otoritelerde koruma alanları %30'un altındadır. Tablodan anlaşılacağı gibi Avrupa'daki kentler hala kentsel gelişim halindeyse bile gelişim stratejilerini durdurmaya yönelik tedbirler alarak mevcut konut stoğu ile çözmeye çalışmaktadır.

Araştırmamızın Türkiye kısmında Yozgat kentsel alanında bulunan Çamlık Milli Parkı Yozgat için çok önemli bir işleve sahiptir. 1958 yılına kadar Yozgat Belediyesinin mülkiyeti olan alan, Yozgat kentsel alanın rekreatif kullanımına hizmet etmiştir. 1958 yılı içinde milli park haline getirilerek Bakanlar Kurulu kararı ile kullanma ve koruma hakkı Orman Genel Müdürlüğü'ne devredilmiştir. Bu devir Milli Parkın kullanım işlevini değiştirmemiştir.

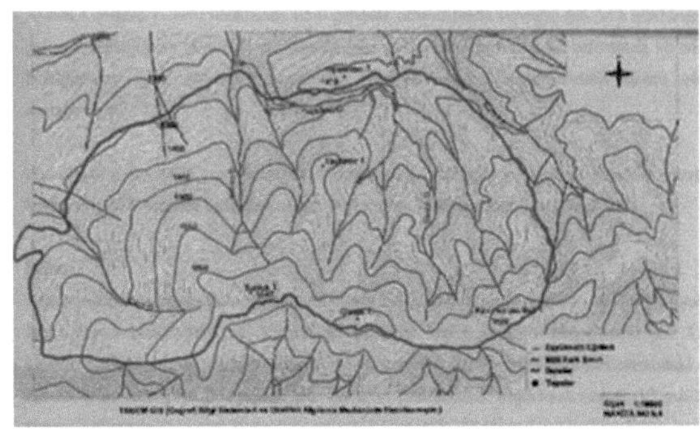

Şekil 5.10. Yozgat Çamlığı Milli Parkı'nın Alan Haritası

Kaynak: [19]

Milli Park Soğukoluk Tepesinin kuzey yamacında yer almaktadır. Yozgat kentsel gelişimi içinde Milli Park ile koruma statüsüne giren alan, Yozgat kentinin tamamının yaklaşık %17'sine denk gelmektedir. Bu alan 264 hektarlık bir alandır. Avrupa kentleriyle karşılaştırıldığında kentleşme gelişiminin büyük bir hızla devam ettiği ve ekolojik bağlamlı olan koruma altındaki milli parkın da bu gelişimden olumsuz yönde etkilendiğini ortaya çıkmaktadır.

Şekil 5.11 Yozgat Çamlığından Bir Görüntü

Kaynak: [20]

Tablo 5.44. Toplam Belediye Alanı Yapay Model Yüzeyi

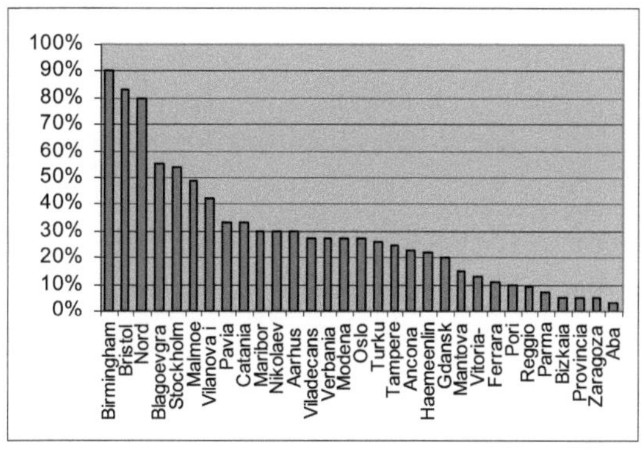

Kaynak: Ambiente Italia Research Institute, 2003

5 kentte %50'den fazla alan yerleşim için kullanılmıştır. Burada en fazla yerleşim için kullanılan alana sahip kentler Birmingham, Bristol ve Nord Milano'dur, 8 kent yaklaşık %80 oranında yerleşme alanı bulunmaktadır yada bundan %10 oranında daha düşüktür. Tablodaki kentlerin yarısı %20-30 arasında toplanmıştır.

Sorunun daha iyi anlaşılabilmesi için kentsel alan içindeki genişlemenin yada kentsel gelişimin sabit tutulması dikkate alınmalıdır. Eğer kentsel gelişim Avrupa kentleri içinde sabit tutulamazsa sağlanan kentsel koruma gelecekte yetersiz kalacaktır.

	Terk Edilmiş Arazi		Kirletilmiş Arazi		Toplam Belediye Alanı
	m²	**%**	**m²**	**%**	**Hektar**
Aba	100.000	%0.12	20.000	%0.02	8.040

Acqui Terme	1.300.000	%0.39	na	na	33.420
Birmingham	1.621.000	na	na	na	na
Blagoevgrad	na	na	3.000	%0.01	2.194
Malmoe	na	na	8.000.000	%5.19	15.400
Mantova	3.466.000	%5.42	na	na	6.395
Maribor	na	na	699.521	%0.48	14.700
Modena	28.633	%0.02	22.150	%0.01	18.274
Nikolaev	0	%0	220.000	%0.08	27.300
Pori	20.000	%0.004	50.000	%0.01	50.300
Tampere	0	%0	na	na	52.270
Viladecans	na	na	1.402.000	%6.88	2.038
Vitoria-Gasteiz	124.293	%0.04	493.609	%0.18	27.800
Zaragoza	9.402.600	%0.89	na	na	105.772

Kaynak: Ambiente Italia Research Institute, 2003

Terk edilmiş ve kirletilmiş araziler üzerinde bu gösterge içinde vurgu yapılmasının asıl hedefi tahmini ne kadar alanın yeniden yapılandırıldığını bulmak içindir. Genel olarak terk edilmiş yada kirletilmiş arazi, yeni konutlar ve restorasyon işlemleri ve kentsel arazinin yeniden kullanımı hakkında detaylı bilgi elde etmek zor olmaktadır. Burada elde edilen araştırmanın sonuçlarında sistematiklik yada homojenlik yoktur.

Sadece 6 kentten hakkında bilgi elde edilebilmiştir. Blogoevgrad'da 3000 m^2'lik kirletilmiş alan restore edilmiştir, Modena'da toplam 22.150 m^2'nin 8.430 m^2'si (%38) restore edilmiştir, Mantova'da toplam 3.466.000 m^2'inin 15.000 m^2'lik kirletilmiş alanı restore edilmiştir (toplam alanın %0.43). Aba ve Nikolaev hiçbir alan restore edilmemiştir. Son olarak Tampere terk edilmiş bir alana sahip değildir.

14 kentten terk edilmiş arazi ve kirletilmiş arazi yüzey alanlarının görünüşü hakkında bilgi sağlanmıştır. Mantova hem kirletilmiş hem de terk edilmiş arazilere sahiptir, bunun yanı sıra Malmoe potansiyel olarak kirletilmiş araziye sahiptir.

	El Değmemiş Alanlara Konut İnşaası	Terk Edilmiş ve Kirletilmiş Alanlara Konut İnşaası

Bristol	%11	%89
Stockholm	%17	%83
Zaragoza	%70	%30
Viladecans	%77	%23
Acqui Terme	%100	%0
Modena	%100	%0
Yozgat	%20	%80

Yeni konutların inşasının el değmemiş alanlar, terk edilmiş yada kirletilmiş alanlar üzerine yapılma oranı direkt olarak yüzdesel bilgi olarak elde edilmiştir. Bu bilgiler ışığında Bristol ve Stockholm'de yeni konutların inşası kirletilmiş ve terk edilmiş alanlar üzerinde %80 oranındadır, Zaragoza'da ise %30'dur. Acqui Terme ve Modena'da ise yeni konutlar el değmemiş alanlar üzerine %100 oranında inşa edilmektedir. Son olarak 5 kentten elde edilen bilgilerde terke edilmiş konutların yenilenmesi bilgisi elde edilmiştir: Tampere'de yaklaşık 15.000 m^2, Vitoria-Gasteiz'de 9.000 m^2, Acqui Terme'de 3.200 m^2, Nikolaev'de ise 1.600 m^2'dir. Diğer taraftan Aba'da herhangi bir terk edilmiş binanın yenilenmesi söz konusu değildir.

Yozgat kenti konut inşası el değmemiş alanlarda fazla yoğun değilmiş gibi gözükmesine rağmen nüfusun artış hızı ve göç hareketleri Yozgat kentini gelecek de el değmemiş alanlara doğru yönlendireceği açıktır. Endüstrinin yeterli gelişimi sağlayamamış olması da bu gelişimi etkileyen önemli nedenlerdendir.

5.2.11. Avrupa'da Ürün Artırımının Sürdürülebilirliği ve Yozgat Örneği İle Karşılaştırılması

Bu gösterge çok sayıda aile ve organizasyon, kamusal yönetim için ürün artırımının sürdürülebilirliğine yardımcı olan tüketimin sağlanmasını araştırmıştır. Sürdürülebilir ürünler; eko etiketli, organik, enerji-etkili, sertifikalı keresteler yada uygun ticaret ürünleridir. Çiftçilik, ormancılık, besin endüstrisi ve diğer üretim işlemlerinde çevresel adaptasyonu ve sosyal esaslı çözümleri gerektirmektedir.

Özellikle 3 yönden araştırma yapılmıştır;

a) Tüketim

- Ailelerin yüzde olarak ne kadar sürdürülebilir ürünler satın aldığı (her kategori ve her verilen ürün üzerinden),
- Sürdürülebilir ürünler satın alan aileler üzerinden yüzde olarak ailelerin genellikle ne kadar sürdürülebilir ürünler aldığı (her bir ürünün ve her bir kategorinin belirtilmesi)

b) Sürdürülebilir Ürünlerin Elde Edilebilmesi

- Toplam satılan ürünler üzerinden sürdürülebilir ürünlerin elde edilmesi (çok sayıda perakende çıkışlı ürünün sunulması ve çok sayıda tüketiciye günlük olarak hizmet verilmesi) ve sertifikalı ürünlerin oranı (her tip perakende çıkışlı üründe),
- Her 10.000 kişi için özel mağazalar yapılmalıdır (fuar ticaret merkezi, organik dükkanlar gibi).

c) Yerel Otoritenin Yeşil Kullanımı

- Mevcut prosedürler eko-etiketli, organik, enerji-etkili, sertifikalı keresteler, fuar ticaret ürünlerinin satılmasının teşvik edilmesi ve kamu kantinlerinde organik yiyecek hizmetinin sağlanması,

- Yerel otorite ofislerinde geri dönüşümlü kağıtların kullanılması.

Tablo 5.45 Avrupa Kentleri ve Yozgat'ta Sürdürülebilir Ürün Satın Alımı ve Satın Almaya İlgi Oranları

	İlgileniyorum	İlgilenmiyorum	Satın Alıyorum	Satın Almıyorum
A Coruna	na	na	%44	%56
Blagoevgrad	%79	%21	%45	%55
Bristol	na	na	%71	%29
Stockholm	%78	%17	%77	%19
Ferrara	na	na	%24	%76
Zaragoza	%69	%32	%88	%12
Yozgat	%44	%56	%72	%28

Yozgat içinde insanlar yeterince bilgi sahibi olmadıkları için bu ürünlerle ilgilenmediklerini (%56) ve bu oranın Avrupa kentleri içinde en alt sırada yer aldığını görmekteyiz. Zaragoza'da sürdürülebilir ürünlerle ilgilenmeyenlerin %32 ile Yozgat'ta en yakın kent olduğunu görmekteyiz. Bu konu da en duyarlı kent Blagoevgrad'dır. Bunun yanı sıra Yozgat'ta bu ürünlere satın almaya olan ilginin daha çok olduğu ortaya çıkmıştır (%72), bunun temel sebebi insanların enerji tasarruflu ve organik ürünlere ilgi duymasından kaynaklanmaktadır. Bu konu da Zaragoza'nın %88 ile en fazla sürdürülebilir ürün aldığı ortaya koyulmuştur.

Tablo 5.46. Yozgat İçinde İnsanların Sürdürülebilir Ürünlerle İlgilenmeme Nedenleri

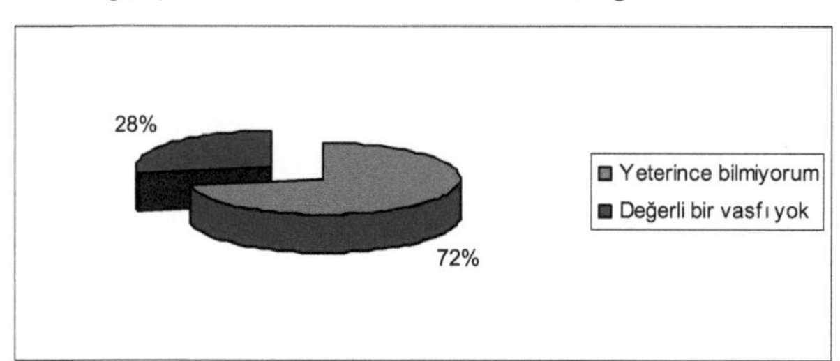

Yozgat'ta insanların sürdürülebilir ürünlere neden ilgi duymadıkları konusundaki görüşleri yeterince bilgi sahibi olmadıkları (%72) konusunda birleşmektedir. Ayrıca kent içinde geri dönüşüm kutularının bulunmaması yani yerel yönetimin bu konuda duyarsız davranışı da insanları üzerinde bu tür ürünlerin değerli bir vasfının olmadığını (%28) düşünmeye itmektedir.

Tablo 5.47. Yozgat İçinde İnsanların Sürdürülebilir Ürünlerle Satın Almama Nedenleri

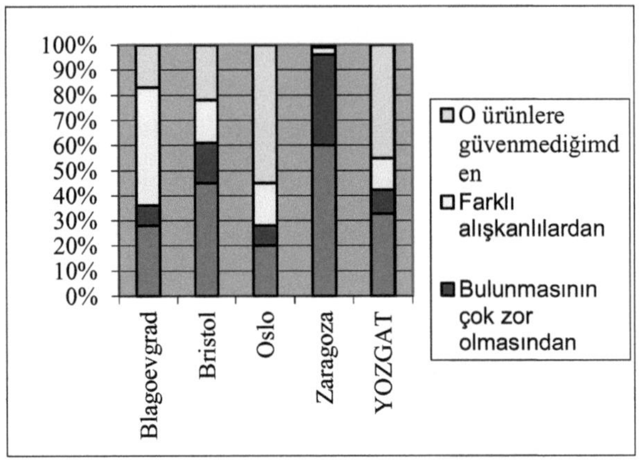

Sürdürülebilir ürünlerin satın almama nedenleri arasında Yozgat'ta bu tür ürünlere güvenilmediği sonucunu ortaya çıkarmıştır. Avrupa kentleri arasında Oslo'da aynı cevap verilmiştir. Görülmektedir ki bu tür ürünler topluma iyi tanıtılmamış ve insanlarda güvensizlik duygusunun hakim olması sağlanmıştır. Sürdürülebilir ürünler hem kent ekonomisine hem kentsel çevreye olumlu etkiler sağlamaktadır. Yozgat kenti içinde eksikliği hissedilen bu tüketim şeklinin Avrupa kentleri içinde de önemli derecede yanlış ve yetersiz derecede tüketildiği ortaya çıkmıştır.

Tablo 5.48. Avrupa Kentleri ve Yozgat Kenti İçinde Eko-etiketli, Organik ve Enerji Etkili Ürün Satın Alma Oranları

	Sıklıkla	Nadiren	Asla
Eko-etiketli			
A Coruna	%12	%25	%63
Ferrara	%3	%11	%85
Oslo	%18	%76	%6
Yozgat	%16	%5	%79
Organik			
A Coruna	%14	%30	%56
Ferrara	%6	%18	%76
Oslo	%19	%68	%13
Bristol	%32	%32	%37
Yozgat	%84	%8	%8
Enerji Etkili			

Ferrara	%1	%19	%80
Oslo	%27	%66	%7
Bristol	%55	%12	%34
Yozgat	%51	%34	%15

Tablodan çıkan sonuca göre Yozgat kentinde eko-etiketli olan ürünleri asla almadığına dair olan bilgi %79 gibi bir oranda çıkmıştır. Yani çok düşüktür, bunun en önemli nedeni ise bu tür ürünlerin çok fazla bilinmemesi olarak gösterilebilir. Organik ürünler sağlık açısından önemli görüldükleri için %84 gibi yüksek oranda sıklıkla tercih edilen bir sonuç ortaya çıkarmıştır. Enerji etkili ürünlere dikkat ettiğimizde ise, Yozgat yine %51 sıklıktaki tüketim ile bu konuda Avrupa kentleri içinde önemli bir yerde bulunmaktadır. Bu konuya Yozgat'tın ekonomik yapısı da katkı sağlamaktadır. İnsanlar kendi ekonomilerini bu tip ürünlerle daha çok dengelemek istemektedir.

Tablo 5.49. Avrupa Kentleri ve Yozgat Kenti İçinde Ürünlerin Sürdürülebilirliğine Dikkat Edilerek Satın Alma Oranları

	BRISTOL sıklıkla-nadiren	YOZGAT sıklıkla-nadiren	OSLO sıklıkla-nadiren	STOCKHOLM sıklıkla-nadiren	ZARAGOZA sıklıkla-nadiren
Yıkama makineleri	%66	%53	%34	na	%72
Buzdolapları	%60	%50	%22	na	%29
Elektrik ampulleri	%55	%78	%81	na	%77
Yıkama/Temizleme deterjanları	na	%18	na	%55	%22
Tuvalet kağıdı	na	%19	%91	%66	na
Kahve/Çay	%61	%16	%47	%54	%17
Kakao/Çikolata	na	%15	%17	na	%32
Meyve suyu	%59	%17	%52	na	na
Meyve/Sebze	%75	%92	%81	%85	%19
Süt	%65	%17	%57	%81	%37

Yozgat'ta sürdürülebilir ürün tüketiminde eko-etiketli ürünlere çok fazla dikkat edilmediği için bu tür ürün kapsamları yeterli sonucu vermemiştir, ayrıca bu ürünlere önem verenlerden alınan cevaplarda bu tür ürünlerin atıklarının ayrı bir yerde topladıklarına dair bilgi alınmıştır. Bu ürünlerin daha sonraki işlenmesine yönelik tedbirlerin yerel yönetimlerce sürdürülmesinin gerekliliğine ve Yozgat yerel yönetiminin bu konudaki eksikliğine daha öncede vurgu yapılmıştır.

Genel anlamda Yozgat kentinin Avrupa ile entegrasyon sürecinde sürdürülebilirlik ve yaşanabilirlik açısından olumlu ve olumsuz yönleri ortaya koyulmuştur. Yozgat kentsel gelişimi yetersiz ve eksik olan yönlerini zaman içinde Avrupa düzeyine çıkartarak minimum düzeydeki kentsel yaşam kalitesi standardını en üst seviyeye çıkartacaktır. Kentsel gelişim yasaklar ve kanunlarla kontrol altına alınamaz, her kent tarihsel bir geçmişe ve kendine özgü gelişim süreçlerine sahiptir. Bu sürecin gelişiminde Yozgat kenti Avrupa'da sürdürülebilirlik için rehber niteliği olan ve kentlerin daha etkili ve daha yaşanabilir, ekolojik alanlarla daha dengeli gelişiminin tavsiye edildiği bu göstergelere uyum süreciyle daha yaşanabilir bir kent haline dönüşecektir. Bu gelişimin sağlanması için Avrupa'da yerel yönetimlere verilen yetkiler Yozgat yerel yönetimini de kentsel sürdürülebilirlik ve yaşam kalitesi için sorumluluk altına sokmaktadır.

6. SONUÇ VE DEĞERLENDİRME

AB'ye uyum sürecinde Türkiye'de kentsel mekanların yaşam kalitesini ve kentsel çevrenin sürdürülebilirliğini artırmaya yönelik olarak gelecek planlamalara referans teşkil edecek araştırmaların yetersiz düzeyde olduğu belirtilebilir. Bu nokta da Avrupa kentleri için alınan kararların Türkiye kentleri için uygulanabilmesi ve geliştirilebilmesine yönelik araştırma, gözlem ve analizler artırılmalıdır.

Bununla birlikte tarihsel süreç içinde oluşturulmuş planlama kararları ve kanunları gözden geçirilmelidir. Avrupa içinde uygulanan mekânsal kararların dolayısıyla kentsel gelişim kararları üzerinde oynadığı rol göz önünde bulundurulmalıdır. Yaşam kalitesi ve sürdürülebilirliğe yönelik olarak kentsel şekillenme ve kentsel yaşam tarzı dikkate alınarak kararlar verilmelidir.

Türkiye Avrupa ile her açıdan bütünleşme, karşılıklı çıkarların dengelenmesi ve etkili, kentsel hareketlilik özellikleri içeren ikili ilişkiler çerçevesinde, kentsel gelişime ve yerel yönetim sistemimize, kentsel planlamaya yeni yaklaşımlar getirmiştir. Kentleşme olgusu Türkiye içinde kullanıcıyı esas alan araştırmalar ışığı altında tarihsel, kültürel ve doğal yapının günümüz gözlem ve analizlerini dikkate alarak ilerlemesi gerekmektedir.

Bu gelişim ışığında Avrupa tarihsel süreç boyunca oluşmuş ve geçerliliğini kanıtlamış planlama prensiplerini dikkate alarak kentsel alandaki kaliteyi artırmak ve kentte kimlik kazındırma rolü dikkate alınmak zorundadır. Bu gelişim bakış açısından Avrupa kentsel ve ekolojik sürdürülebilirlik prensipleri ışığı altında gelişmeyi esas almıştır.

Türkiye entegrasyon sürecinde Avrupa'nın bu kentsel ve ekolojik sürdürülebilirlik, uyum ve denge unsurlarını kendi kentsel gelişim yapısı içine yerleştirerek bir gelişim metodunu takip etmektedir. Avrupa Birliği ülkeleri kentlerindeki sağlıklı kent ortamının yaşam kalitesi çerçevesinde, hava, çevre, gürültü, yeşil alan ve kentleşme olgusunda doğal ekolojik yapının Türkiye'de Yozgat örneğine göre mukayese edildiğinde en olumsuz sonuçları oluşturan SO_2 için A Coruna günlük 125 μg /m³ limiti aşarken Yozgat 152 μg /m³ olarak yer almaktadır. Gürültü, çevre v.b özelliklerin hepsinde Avrupa Birliği ülke şehirlerinin en olumsuz olanından daha fazla olumsuz değerlere sahip olunduğu saptanmıştır.

Yozgat kentsel alanında yapmış bulunduğumuz çalışma içinde elde ettiğimiz sonuçlar da yaşanabilirlik düzeyleri yetersiz çıkmıştır. Örneğin Yozgat kentindeki yerel yönetimden memnuniyetsizlik %78 kültürel ve boş zamanı değerlendirmeye yönelik hizmetlerden memnuniyetsizlik %85 gibi yüksek oranda rakamlar elde edilmiştir.

Bu doğrultuda yukarıdaki açıklanan sonuçlara göre Türkiye Avrupa Birliğine entegrasyon sürecinde ilgili mekânsal/çevresel yaşam standartlarını iyileştirmek için:

- Öncelikle kentlerin gelişmesini kontrol altına almak zorundadır.
- Temel kentsel gereksinimlerin ortaya koyulmalı ve sağlanması için gerekli tedbirler alınmalıdır.
- Sürdürülebilir kentsel gelişim için imar planlarımızın sürdürülebilir yapı ile uyumlaştırılması gerekmektedir.
- Kentsel gelişimle ekolojik özelliklere sahip alanlar arasında denge kurulmalıdır.
- Yasal düzenlemelerimiz de korunan alanlarımız için doğal ve kültürel mirasın göz önünde bulundurulması gerekmektedir.
- Yasal düzenlemelerin Avrupa Birliğiyle uyumunun sağlanmasının yanı sıra uygulanmasının da sağlanması gerekmektedir.
- Çarpık kentleşme sonucu bozulmuş olan ekolojik dengenin yapay olarak dönüşüm projeleri ile elde edilmesinin gerekliliği göz ardı edilmemelidir.

Araştırmamız sonucu ortaya çıkan sonuçlar içinde Türkiye'nin genel anlamda neler yapması gerektiği ortaya koyulmuştur. Bu gelişmelere ek olarak çalışmamız sonucu Yozgat kentsel alanı için Avrupa Birliği'ne uyum süreci doğrultusunda yerel yönetimin yapması gerekenler şu şekilde belirtilebilir;

- Yozgat kentsel alanında toplumun yaşama sebebi olarak ön plana iş fırsatları ve sosyal ilişkiler yani akraba ve arkadaş ilişkilerinin çok iyi olması ortaya çıkmaktadır. Bu anlamda Yozgat kenti içinde çekiciliğin artırılması ve insanların yaşaması için tercih sebebi haline gelebilecek önemli atılımlar yapılması gereklidir.
- Yozgat'ta bulunan Milli Park insanların kent içindeki doğal çevre memnuniyetsizliğini azaltmamıştır. Söz konusu durum için Milli Park koruma ve kullanma dengesinin daha sağlıklı oluşturulması ve Milli Park'a alternatif alanlar oluşturulmak zorundadır.
- Yozgat kentsel alanı içinde toplum kültürel ve boş zamanı değerlendirmeye yönelik hizmetleri yeterli bulmamaktadır. Kentsel gelişim içinde toplumun istekleri doğrultusunda kültürel ve boş zamanı değerlendirmeye yönelik hizmetler artırılmalıdır.
- Toplum Yozgat kenti içinde sosyal ve sağlık hizmetlerinin artırılmasını ve yeterli düzeye getirilmesini istemektedir. Bilinen bu temel hizmetlerin artırılmasına yönelik tedbirler artırılmalıdır.
- Araştırmamız içinde elde ettiğimiz sonuçlara göre toplum konut çevresi düzenlemelerden ve konut kalitesinden memnun değildirler. Konut kentsel mekanın kimlik öğesi ve kültürel bir yansıma olarak ala alınmalı ve yapılacak düzenlemelerle konut ve konut çevresi üzerindeki memnuniyetsizlik kontrol altına alınmalıdır.
- Yozgat kentsel alanında toplumun ihtiyacına yönelik olarak iş alanları açılmalı, ticaret merkezleri ve sanayi planlı bir gelişim altında desteklenmelidir.

- Yozgat kentsel alanındaki CO_2 ölçümleri yapılmalı ve klimatik değerler kontrol altında tutulmalıdır.
- Yozgat kent içi ulaşım genel anlamda yaya olarak yapıldığı için kentsel alan içinde yaya yolları artırılmalı ve bu ulaşım sistemini destekleyecek bisiklet ve koşu yolları yapılmalıdır.
- Avrupa Birliği içinde direktiflerle limit değerler haline getirilen hava kalitesi düzeyleri Yozgat kentsel alanı içinde bu direktifler doğrultusunda kontrol altına alınmalıdır.
- Yozgat kentsel gelişimi hala devam etmektedir. Bu anlamda sanayi gelişimi Avrupa'daki çevre ve yönetim sertifikalarıyla yapılmalı ve desteklenmelidir.
- Yozgat içinde bulunan gürültü kirliliği düzeyinin azaltılmasına yönelik olarak çalışmalar yapılmak zorundadır.
- Kentsel gelişim içinde Avrupa kentleri içinde dikkate alınan sürdürülebilir arazi kullanım konuları konusunda takip edilen yöntemler uygulanmak zorundadır.
- Sürdürülebilir gelişim politikalarının geliştirilmesine yönelik olarak sürdürülebilir ürünlerin tüketimi, kullanımı teşvik edilmeli ve sürdürülebilir ürünler hakkında toplum bilinçlendirilmek zorundadır.

Sonuç olarak yaptığımız araştırmada, Avrupa kentlerinin de tamamının tam anlamıyla istenilen yaşanabilirlik düzeyine ulaşamadığı görülmektedir. Fakat kentleşmenin uzun bir süreç olduğu göz önüne alınırsa Avrupa'nın aldığı tedbirler ve uygulamalar, zamanla Avrupa kentlerini istenilen yaşanabilirlik düzeyine getirecektir. Bu anlamda Avrupa'ya entegre olma aşamasındaki Türkiye, kentsel gelişim olgusunu bu yaşanabilirlik düzeyine en kısa zamanda getirmek zorunluluğu içindedir. Bu kentli insan için, gerekli yaşam standardının en alt düzeyde sağlanmasıdır. Ancak Türkiye'de kentleşme Yozgat örneğinde de görüldüğü gibi istenilen en az yaşanabilirlik seviyesini dahi sağlayamamaktadır.

Çalışmamız içinde Avrupa Ortak Göstergeleri içindeki göstergeler çerçevesinde bir araştırma yapılmış ve sonuçlar elde edilmiştir. Çalışmamız daha da ileri götürülebilir ve çok değişik çalışmalarla desteklenebilir. Örneğin sürdürülebilir arazi kullanımı göstergesi için bizim yaptığımız çalışma, Avrupa Ortak Göstergelerinde olduğu gibi kentsel arazinin sürdürülebilir olarak kullanılıp kullanılamadığını saptamaktı. Eğer istenirse bu çalışma kentsel alan kullanımının kentsel tasarım, peyzaj tasarımı veya kentsel planlama ile geri kazanımının sağlanarak kent içindeki atıl ve terk edilmiş arazinin kentsel alana kazandırılmasına yönelik kentsel modelleme çalışmalarıyla desteklenebilir. Bunun yanı sıra diğer tüm göstergeler daha da genişletilerek araştırılabilir ve geliştirilebilir. Çalışmamız bu anlamda gelecek araştırmalara yönelik bir altlık ve destekleyici bir veri tabanı oluşturmak amacını taşımaktadır.

KAYNAKLAR

Ahlke, B., 2001, "Avrupa Mekan Planlama Kavramı ve Uygulanışı- Amaçlar, Aktörler ve Yöntemler", Avrupa Birliği'nde Mekan Planlama Stratejileri-Ekonomik ve Ekolojik Perspektifler Uluslar arası Sempozyumu, YTÜ matbaası, İstanbul

Ambiente Italia Research Institute, 2003, "European Common Indicators", Towrads a Local Sustainability Profile, Executive Editor Valentina Tarzia and Ambiente Italia Research Institute, Printed in Italy, 01.09.2014 tarihinde http://www.cityindicators.org/Deliverables/eci_final_report_12-4-2007-1024955.pdf adresinden erişildi.

Arslan, R., 1997, "Arazi Kullanış Ekonomisi", Üniversite Yayın No: YTÜ. MF. YK-97-0315/Fakülte Yayın No: MF. ŞBP-97.075, Yıldız Teknik Üniversitesi Basım-Yayın Merkezi, İstanbul

Atalık, G., Baycan, T., 1995, "Sürdürülebilir Kalkınma/Kentleşme İkilemine İlişkin Görüşler", Kent ve Çevre Planlamaya Ekolojik Yaklaşım, 17. Dünya Şehircilik Günü Kolokyumu, MSÜ Matbaası, İstanbul

Aydemir, Ş., 1980, "Kentsel Ekoloji: Kentlerin İç Yapısı ve Ekolojik Süreçler", Karadeniz Teknik Üniversitesi Mimarlık Fakültesi Bülteni, Sayı 5, Trabzon

Berkes, F. ve Kışlalıoğlu, M., 1990, "Ekoloji ve Çevre Bilimleri", Remzi Kitabevi, Ankara

Budak, S., 2000, "Avrupa Birliği ve Türk Çevre Politikası", Aydoğan Matbaacılık, İstanbul

Committee on Spatial Development, 1999, "European Spatial Development Perspective", Towards Balanced and Sustainable Development of Territory of the European Union, ISBN 92-828-7658-6, Printed in Italy, 01.09.2014 tarihinde http://ec.europa.eu/regional_policy/sources/docoffic/official/reports/pdf/sum_en.pdf adresinden erişildi

Dinçer, İ., 2001, "Bölgesel Farklılıklar Problemi ve Avrupa Birliği Politikaları", Yıldız Teknik Üniversitesi Basımı, İstanbul

Ergen, Y., B., 1981, "Şehircilik", Yüksek Teknik Öğretmen Okulu Matbaası, Ankara

Ergen, Y., B., Sevgili, F., Ertorun, H., 1994, "Kentsel Gelişme Olgusunda Doğal Çevreye Müdahalede Ekolojik Denge ile Planlama İlişkisi", 4. Ulusal Bölge Bilimi/Bölge Planlama Kongresi, KTÜ Mimarlık Bölümü Şehircilik Anabilim Dalı, Trabzon

Ertürk, H., 1995, "Kentsel Çevre Sorunlarının Çözümü Açısından Ekolojik İlkeler: Sürdürülebilir Kentler", Kent ve Çevre Planlamaya Ekolojik Yaklaşım, 17. Dünya Şehircilik Günü Kolokyumu, MSÜ Matbaası, İstanbul

Freundt, A., 2001, "Küreselleşme: Efsane mi Gerçek mi?", Yıldız Teknik Üniversitesi Basımı, İstanbul

Fishman, R., 1977, "Urban Utopias in the Twentieth Century" , Cambridge, M.I.T. press U.S.A

Görmez, K., 1997, "Çevre Sorunları ve Türkiye", Gazi Kitabevi, Ankara

Greed, H.,C., 1999, "Social Town Planning", Routledge, London and New York

Habitat Direktifi, 1992, European Community Directive 92/43/EEC on the Conservation of Natural Habitats and of Wild Fauna and Flora, Europe

Kabasolak, B., Doğangün, k., Yıldırım, M., Bilgiç, S., Aynalı, D., Ç., 2002, "Yozgat İli Çevre Durum Raporu", Yozgat Valiliği İl Çevre Müdürlüğü Basımı, Yozgat

Kalay, H.Z., 1981, "Ekoloji Kavramı Orman Ekosistemi Ve Bölgemizde Yakın Tehlike", Karadeniz Teknik Üniversitesi Dergisi Sayı 3,Karadeniz Teknik Üniversitesi Basımevi, Trabzon, s: 6, 9

Keleş, R., 2002, "Kentleşme Politikaları", İmge Kitapevi, Ankara, s:

Kıray, M.,B., 1998, "Kentleşme Yazıları", Bağlam Yayınları, İstanbul

Kıstır, R., 1980, "Kentsel Gelişme Potansiyelinin Belirlenmesinde Bir Yöntem-Ekolojik Yaklaşım": Yayınlanmamış Doktora Tezi, Karadeniz Teknik Üniversitesi Mimarlık Fakültesi, Trabzon, s: 30-38

Knight, C., B., 1970, "Basic Principles of Ecology", Mac Millan Company , USA, 2-4, s:8

Kraetschell, H. ve Renner, G., 1995, "Poltik und Wirtschaft: der gemeinsame Markt", Informationen zur polischen Bildung, Neudruck, Bonn, s: 213

Kurt, H.,2003, "Türkiye'de Kent-Köy Çelişkisi", Siyasal Kitabevi, Ankara

Oralalp, F., Ç., 2001, "Avrupa Mekânsal Gelişme Perspektifi Açısından AB Genişlemesi", Avrupa Birliği'nde Mekan Planlama Stratejileri-Ekonomik ve Ekolojik Perspektifler Uluslar arası Sempozyumu, YTÜ matbaası, İstanbul

Özer, M., 2003, "Avrupa Birliği: Ekonomik Topluluktan Çevre Topluluğuna (mı)?", Gazi Üniversitesi İktisadi ve İdari Bilimler Dergisi, Cilt 1, Sayı 5, GÜ İktisadi ve İdari Bilimler Yayınları, Ankara

Rodiek, J., 1974, "Landscape Analysis-A Technique For Ecosystem Assessment and Land Use Planning", University Of MassacHusetts, University Microfilms International, Michigan

Sarıtaş, C., 1995, "Sürdürülebilir Kentler", Kent ve Çevre Planlamaya Ekolojik Yaklaşım, 17. Dünya Şehircilik Günü Kolokyumu, MSÜ Matbaası, İstanbul

Sökmen, P., 1995, "Planlamada Ekolojik Yaklaşımın Sosyal ve Siyasal Boyutları", Kent ve Çevre Planlamaya Ekolojik Yaklaşım, 17. Dünya Şehircilik Günü Kolokyumu, MSÜ Matbaası, İstanbul

Şahin, M., Ekim-Kasım-Aralık 2001, "Yeni Bin Yıla Girerken Çevrenin Durumu", Çevre ve İnsan Dergisi, Sayı:51, Aydoğdu Matbaacılık, Ankara

Schmidt, A., 2004, "Avrupa Çevre Hukuku", Anhalt Üniversitesi Yayınlanmamış Ders Notları, Bernburg

Şenlier, N.,1994, "Bölgesel Gelişmede Yeni Teknolojiler: Teknopol Sophıa Antipolis Örneği", 4. Ulusal Bölge Bilimi/Bölge Planlama Kongresi, KTÜ Basımevi, Trabzon

Tekeli, İ., 1982, "Türkiye'de Kentleşme Yazıları", Turhan Kitapevi, Ankara

Ünsal, F.,2001, "Kentsel Planlamada Avrupa Birliği ile Uyumu Kolaylaştıracak Yenilikçi Araçlar", 25. Dünya Şehircilik Günü Kolokyumu, Şehir Plancıları Odası yayını, Ankara

Woodbury, A., 1954, "Principles Of General Ecology", The Blakiston Company Inc., New York

Internet Kaynakları

[1] www.tumbelsen.org

[2] http://www.let.uu.nl/~martin.vanbruinessen/personal/pictures/gecekondu_1.gif

[3] http//:www.worldbank.org/html/schools/issues.htm

[4] http://bornova.ege.edu.tr/~habitat/yg21d2.html

[5] http://bizimasr.media-az.com/arxiv_2002/avgust/174/images/sosium.jpg

[6] http://www.izmir.gen.tr/index2?page=duyurular/kordon#

[7] http://www.ifea-istanbul.net/oui/geceko.htm

[8] http://www.mtso.org.tr/99ekora/sosyal_konut_sor_hakk.htm

[9] www.die. gov.tr

[10] www.yozgat.gov.tr

[11] www.trabzoneczaciodasi.org.tr/turk.htm - 22k

[12] http://www.yozgat-bld.gov.tr/

[13] http://www.yozgat.gov.tr/yozgat.php?sayfa=a_genel

[14] http://ogrenci.hacettepe.edu.tr/~b0245008/baglantilar/yozgat.html

[15] www.cevre.gov.tr

[16] http://cevrekoruma.sitemynet.com/mynet_resimlerim/havakirlili_i.jpg

[17] www.tse.org.tr

[18] http://www.cevreorman.gov.tr/

[19] www.tagem/gis

[20] http://www.yozgat-cevreorman.gov.tr/galeriana.htm

EKLER

Ek-1

ANKET SORULARI

Avrupa da sürdürülebilir ve dengeli gelişim için birçok çalışma yapılmıştır. Avrupa'da yapılan Avrupa Ortak Göstergeleri projesi içinde sürdürülebilirlik ve ekolojiyle dengeli gelişimin sağlanabilmesi açısından kriterler ve rehber niteliğinde kararlar ortaya çıkarılmıştır. Bu anlamda Avrupa'daki bu uygulama AB'ye entegrasyon sürecindeki ülkemiz kentlerine rehber olacaktır. Ülkemiz kentlerinden Yozgat'ın Avrupa Birliği içindeki bu sağlıklı kentsel gelişim yapısına ne kadar yakın olduğu ve neler yapması gerektiği bu çalışma sonucunda ortaya koyulacaktır. Sonuç olarak "Avrupa Ortak Göstergeleri" ndeki anket soruları ve elde edilen veriler, Yozgat kenti için paralel olarak incelenip sonuçlar değerlendirilecektir.

A-ANKET UYGULANAN KİŞİNİN KİMLİĞİ/NİTELİĞİ

Adres:

Cinsiyetiniz: Kadın Erkek

Kaç yaşındasınız?

20'den küçük 20-25 arası 26-30 arası

31-35 arası 36-40 arası 40'dan büyük

Çalışıyor musunuz:?

Çalışıyorum Çalışmıyorum

Emekliyim Öğrenciyim

Eğitim durumunuz:?

İlkokul Ortaokul Lise Üniversite

B-KULLANICININ SOSYO-KÜLTÜREL-FİZİKSEL ÇEVREYE KARŞI OLAN DUYARLILIĞI (GÖSTERGE 1- YEREL TOPLUMLARLA VATANDAŞLARIN MEMNUNİYETİ)

I)Yaşam ve çalışma alanınızı düzenlemekle olan yetkili belediyeden (Yerel Yönetimden) ne kadar memnunusunuz; lütfen şıklardan birini seçiniz?

Çok Memnunum Yeterince Memnunum

Yeterince Memnun Değilim Çok Memnun Değilim

a) Aşağıdaki hangi konular kentsel yaşam alanınızı daha değerli ve daha yaşanabilir hale getirmektedir?

Parklar, bahçeler ve genel yapılı çevre içindeki yeşil alanlar

Konut ve yakın çevresinin kalitesi

Atıkların toplanması ve sokakların temizlenmesi

Hava kalitesinin yüksek olması

Gündüz ve Gece gürültü düzeyinin düşük olması

b) Bu kentte yaşamayı seçmeniz nedeni nedir aşağıdaki şıklara göre cevaplayabilir misiniz?

Sosyal ilişkilerin çok iyi olması

Boş vakitlerinizi uygulayabilme olanaklarının çok iyi olması

Belediyenizin sağlamış olduğu temel hizmetlerin (sağlık, eğitim gibi) çok iyi olması

Çevresel kalitenin çok iyi olması

İş fırsatlarının çok iyi olması

II)Aşağıdaki sorularda kişisel görüşleriniz doğrultusunda şıklardan sizin için uygun olanı işaretleyiniz?

1-Kent içindeki doğal çevreden memnun musunuz?

Memnunum Memnun Değilim Cevap Yok

a) İnsanların yeterince çevreye önem verdiğini düşünüyor musunuz?

EVET HAYIR

b) Ortalama olarak ne sıklıkta Milli Parkı ziyaret ediyorsunuz?

Günde bir defa Haftada bir defa Ayda bir defa Yılda bir defa

c) Milli Parkın korunmasını yeterli buluyor musunuz?

EVET HAYIR

2-Kent içindeki kültürel ve boş zamanınızı değerlendirmeye yönelik hizmetlerden memnun musunuz?

Memnunum Memnun Değilim Cevap Yok

a) Kent içinde hangi hizmetlerin bulunması sizin için çok önemlidir (birden çok fazla şık işaretleyebilirsiniz)?

Spor Faaliyetleri Tiyatrolar ve Sinemalar Müzeler ve Sergi Salonları Kütüphaneler

3-Kentte belediyenin sağlamış olduğu (sağlık ve sosyal hizmetler, okul, kamusal ulaşım v.b.) hizmetlerden memnun musunuz?

Memnunum Memnun Değilim Cevap Yok

a) Kentsel alan içinde hangi temel hizmetlere ulaşılabilirlik sizin için çok önemlidir (birden fazla şık işaretleyebilirisiniz)?

Hastaneler Emniyet Hizmetleri Kamu Okullarına Ulaşım Kamusal Ulaşım Olanakları

4-Kentsel alanda belediyenin sunmuş olduğu iş fırsatlarından memnun musunuz?

Memnunum Memnun Değilim Cevap Yok

5- Kentsel alandaki kentsel güvenlikten memnun musunuz?

Memnunum Memnun Değilim Cevap Yok

a) Kentsel alanlarda hangi durumlarda güvenliğinizin daha fazla tehdit altında olduğunu düşünüyorsunuz aşağıdaki şıklardan birini seçiniz?

Gün boyunca evinizin kapısının kilitli olmaması

Gün boyunca evinizin penceresinin kilitli olmaması

Geceleri ana caddelerde yürümek

Geceleri meydan, park ve benzeri alanlarda yürümek

6-Kentsel alandaki konutun niteliğinden (kullanılan malzeme, konutun büyüklüğü, donatım-sıhhi, elektrik v.b.) memnun musunuz?

Memnunum Memnun Değilim Cevap Yok

a) Konut seçiminizde konutun hangi özellikleri sizin için çok önemlidir?

Konutun büyüklüğü

Konutun malzemesinin kaliteli olması

Konutun altyapısının (drenaj ve lağım giderleri v.b.) eksiksiz olması

Konutun ucuz olması

7- Kentsel alandaki konut çevresi düzenlemelerden memnun musunuz?

Memnunum Memnun Değilim Cevap Yok

a) Konut seçiminizi konut çevresindeki hangi özellik daha fazla etkilemektedir?

Konut çevresinde yeşil alan düzenlemesinin bulunması

Konut çevresinde ticaret merkezinin bulunması

Konut çevresinde otopark sorununun bulunmaması

Konut çevresinde yeterli sosyal hizmetin verilmesi (hastane, okul v.b.)

8- Kentsel alandaki kamusal ulaşımdan memnun musunuz?

Memnunum Memnun Değilim Cevap Yok

a) Ulaşımınız için neden kamusal ulaşımı tercih ediyorsunuz?

Başka bir ulaşım şeklinin bulunmaması

Fazlasıyla güvenli olmasından dolayı

Maliyetinin ucuz olmasından dolayı

Diğer nedenlerden

GÖSTERGE 3- YEREL HAREKETLİLİK VE YOLCU TAŞIMA

Uygulanan anket her bir aile bireyi tarafından doldurulacaktır. Lütfen önde bulunan işgününü referans alınarak cevaplayınız; Eğer istatistiksel olarak önde gelen işgününü önemli görmüyorsanız (hastalık, çalışmama, işten uzak kalma gibi), lütfen son önemli günü tercih ediniz. Lütfen bu kıstaslara göre aşağıdaki soruları cevaplayınız

1-Lütfen günlük seyahatinizin kalitesini değerlendirin

Yolculuk Numarası	Seyahatin Sebebi*	Ulaşım Şekli **	Gidiş Yeri	Gidiş Zamanı	Varış Yeri	Varış Zamanı	Yaklaşık Mesafe (km)
1							
2							
3							
4							
5							

6							
7							

(*) Seyahatin Sebebi: Okul, İş, Rekreasyon/boş zaman (sosyal ilişkiler, özel nedenler, ayak işleri ve diğer), Alışveriş, Geri dönüş seyahati için

(**) Ulaşım Şekli: Yürüyerek, Bisiklet, Motosiklet, Özel araç (mümkünse yolcu ya da sürücü gibi tanımlanmak) , Taksi, Toplu taşım (otobüs, tramvay, metro, yerel demiryolu), birleşik ulaşım şekli park ve sürmek (özellikle özel araç ve kamu ulaşımının kullanımında)

Lütfen tercih ettiğiniz ulaşım şekllerini tabloda 0 ile 10 arasında önem sırasına göre değerlendiriniz

	Yürüyüş	Bisiklet	Motosiklet	Araba	Taksi	Toplu Taşım	TOPLAM
Süre							
Rahatlık							

Eğer özel araç kullanımını tercih ediyorsanız aşağıdaki tabloyu değerlendiriniz?

Yolculuk Numarası	Park Yeri*	Yolcu Sayısı**	Seçim Nedeni***
1			
2			

(*) Park Yeri: 1-ücretsiz park 2- özel park (ücretli) 3-kamu parkı (ücretli)

(**) Yolcu sayısı: seyahat süresince, özel araba taşımacılığında 1- sadece sürücü 2- sürücü ve bir yolcu 3- sürücü ve birden fazla yolcu

(***) Seçim Nedeni (en az 2 sebep): 1- yükse hız 2- yüksek rahatlık 3- düşük fiyat 4- alternatifin olmaması (kabul edilebilir kamusal ulaşımın olmaması) 5-olumsuz hava koşulları 6-diğer/cevap yok

GÖSTERGE 6- ÇOCUKLARIN OKULA VE OKULDAN EVE SEYAHATİ

Lütfen önde bulunan işgünü referans alınarak cevaplayınız; Eğer istatistiksel olarak önde gelen işgününü önemli görmüyorsanız (çocuğunuzun hastalandığı gün gibi), lütfen son önemli günü tercih ediniz. Lütfen bu kıstaslara göre aşağıdaki soruları cevaplayınız

Çocuğunuz okula nasıl gidiyor?

Yürüyerek Bisikletle Servisle* Özel araçla**

Diğer

(*) Servis: okul otobüsü, okul minibüsü ya da özel araç 2 den fazla çocuğu taşıyorsa

(**) Özel araç: 2 ya da daha az çocuğu taşınmasını temsil etmektedir

Eğer cevabınız özel araç kullanarak çocuğunuzu okula götürmek ise aşağıdaki soruyu cevaplayınız

2- Neden özel araç kullanmayı seçtiniz?

Başka bir ulaşım şeklinin bulunmaması

Okula gidiş için zamanın yeterli olmaması

Olumsuz hava koşullarından dolayı

Fazlasıyla güvenli olmasından dolayı

Diğer sebepler

GÖSTERGE 10- ÜRÜN ARTIRMININ SÜRDÜRÜLEBİLİRLİĞİ

Lütfen aşağıdaki soruları aile içinde alışverişi kim yapıyorsa o kişi cevaplasın

1-Sürdürülebilir ürünlerle (örneğin  işaretli ürünler, hormonsuz ürünler v.b.) ilgileniyor musunuz?

EVET HAYIR

a) Eğer cevabınız hayır ise: Neden ilgilenmiyorsunuz?

Yeterince bilmiyorum Değerli bir vasfı yok

2- Sürdürülebilir ürünlerden satın alıyor musunuz?

EVET HAYIR

a)Eğer cevabınız hayır ise: Neden satın almıyorsunuz?

Yüksek fiyattan dolayı

Bulunması çok zor

Değişik alışkanlıklardan dolayı

O ürünlere güvenmediğimden

b)Eğer cevabınız evet ise: Ne sıklıkta aşağıdaki kategorilerde sürdürülebilir ürün satın alıyorsunuz?

	Sıklıkla	Nadiren	Hiçbir zaman
Eko-etiketli			
Organik			
Enerji etkili (tasaruflu)			
ISO-14000 veya ISO-14001 belgeli (TSE belgeli)			

c)Eğer cevabınız evet ise: Ne sıklıkta sürdürülebilir ürün satın alıyorsunuz ?

	Tipi (*)	Sıklıkla	Nadiren	Hiçbir zaman	Satın almıyorum/Hiç yemiyorum	(**)
Yıkama Makinesi						
Buzdolapları						
Elektrik Ampulü						

Yıkama/Temizlik Deterjanı						
Tuvalet Kağıdı						
Kahve/Çay						
Kakao/Çikolata						
Meyve Suyu						
Meyve/Sebze						
Süt						
Odun Ürünleri (Masa, Sandalye v.b.)						

(*) Lütfen hangi ürün olduğunu belirtiniz

(**) Lütfen ürünün hangi kategoride olduğunu belirtin (Eko-etiketli, Organik, Enerji-etkili (tasaruflu), ISO-14000 veya ISO-14001 belgeli [TSE belgeli])

Printed by Books on Demand GmbH, Norderstedt / Germany